AF558612

IN 80 MEERESTIEREN UM DIE WELT

Für Claire, Dipali, Nancy und Nicole,
meine liebsten und ältesten Freunde

Laurence King Verlag GmbH
Jablonskistraße 27, 10405 Berlin
www.laurencekingverlag.de

Erstmals erschienen bei Laurence King Publishing in Großbritannien 2023

Laurence King Publishing ist ein Imprint von
The Orion Publishing Group Ltd
Carmelite House, 50 Victoria Embankment
London EC4Y 0DZ

Ein Unternehmen von Hachette UK

Redaktionsleitung: Katherine Pitt
Design: Masumi Briozzo
Umschlagillustrationen: Marcel George
Litho: DL Imaging, UK

Für die deutsche Ausgabe
Übersetzung aus dem Englischen: Birgit van der Avoort, Havixbeck
Lektorat: Dr. Thomas Hauffe, Dortmund
Satz: Igor Divis, Dortmund
Projektleitung: hauffe publishing, dortmund

ISBN: 978-3-96244-289-7

1. Auflage 2023
Gedruckt in China bei C&C Offset Printing Co. Ltd

www.laurenceking.com
www.orionbooks.co.uk

IN 80 MEERES-TIEREN UM DIE WELT

Helen Scales
Illustriert von Marcel George

Aus dem Englischen von Birgit van der Avoort

Laurence King Verlag

Inhalt

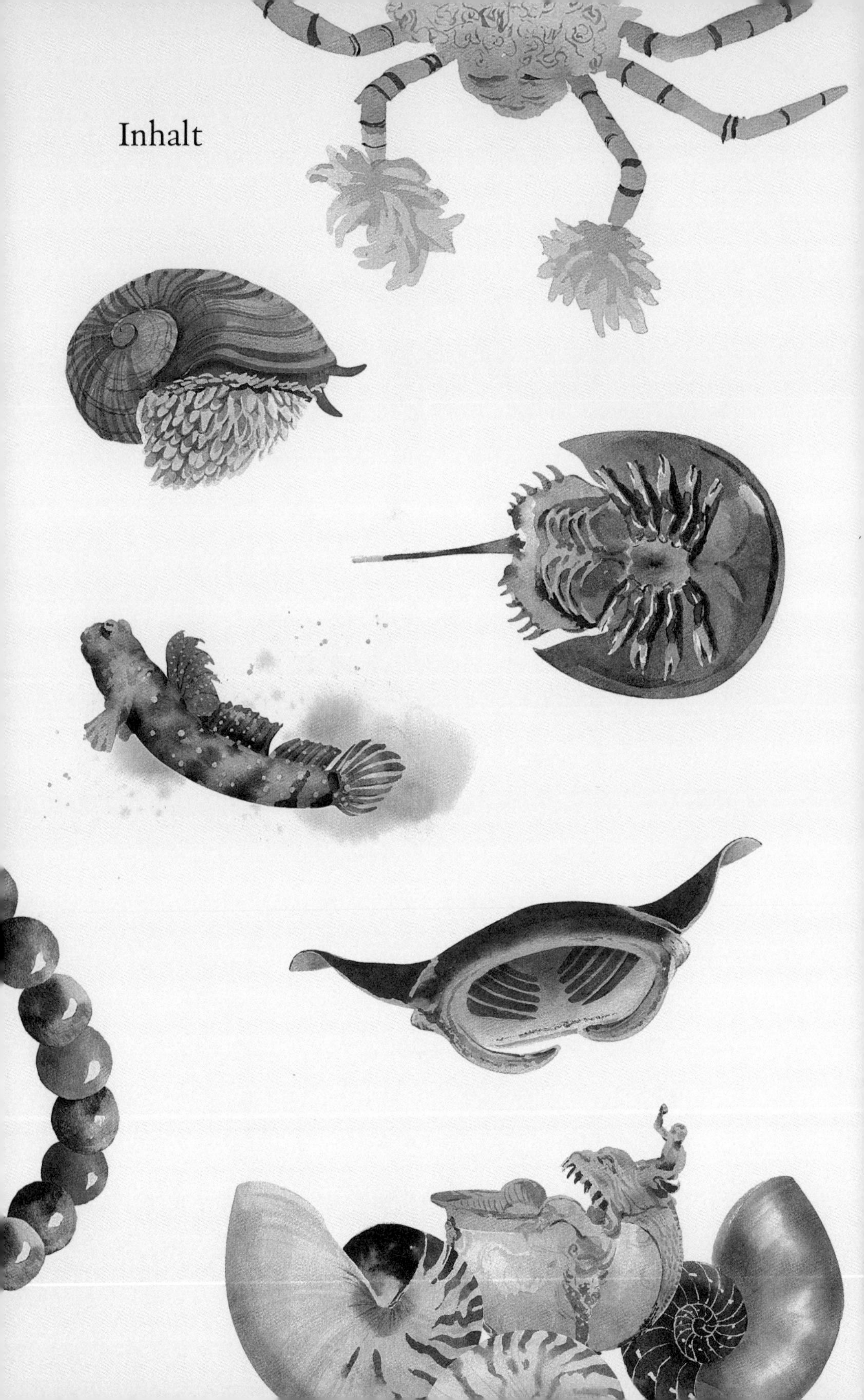

Einleitung 8

Meerestiere

ATLANTISCHER OZEAN

Großer Glattrochen, *Dipturus intermedius* 12
Gewöhnlicher Tintenfisch, *Sepia officinalis* 14
Stör, *Acipenseridae* 16
Napfschnecke, *Patellidae* 18
Sägerochen, *Pristis* spp. 20
Europäischer Aal, *Anguilla anguilla* 24
Riesenhai, *Cetorhinus maximus* 28
Blauflossen-Thunfisch, *Thunnus thynnus* 30
Petersfisch, *Zeus faber* 32
Atlantischer Pfeilschwanzkrebs, *Limulus polyphemus* 34
Grindwal, *Globicephala* spp. 36
Kegelschnecke, *Conidae* 38
Schleimaal, *Myxini* 40
Pottwal, *Physeter macrocephalus* 42
Laternenfisch, *Myctophidae* 46
Dornhai, *Squalus acanthias* 48

MITTELMEER

Gefleckter Zitterrochen, *Torpedo torpedo* 50
Edle Steckmuschel, *Pinna nobilis* 52
Stachelauster, *Spondylus* spp. 54
Schwämme, *Porifera* 56
Papierboot, *Argonauta* spp. 58
Oktokoralle, *Octocorallia* 60
Gewöhnlicher Krake, *Octopus vulgaris* 62
Weißer Hai, *Carcharodon carcharias* 66
Schiffshalter, *Echeneidae* 70
Portugiesische Galeere, *Physalia physalis* 72

INDISCHER OZEAN

Schuppenfußschnecke, *Chrysomallon squamiferum* 74
Blaustreifen-Putzerlippfisch, *Labroides dimidiatus* 76
Komoren-Quastenflosser, *Latimeria chalumnae* 78
Riesenmanta, *Mobula birostris* 80
Große Riesenmuschel, *Tridacna gigas* 82

Tigerhai, *Galeocerdo cuvier* 84
Mondfisch, *Mola mola* 86
Mutterfisch, *Materpiscis attenboroughi* 88
Gemeines Perlboot, *Nautilus pompilius* 90
Riemenfisch, *Regalecus glesne* 92
Seegurke, *Holothuroidea* 94
Falscher Clownfisch, *Amphiprion ocellaris* 96
Boxerkrabbe, *Lybia tessellata* 98
Schlammspringer, *Oxudercidae* 100
Kaurischnecke, *Monetaria moneta* 102
Riesenmuräne, *Gymnothorax javanicus* 104
Pazifische Sardine, *Sardinops sagax* 106
Seeohr, *Haliotis* spp. 108
Papageifisch, *Skaridae* 110

PAZIFISCHER OZEAN

Glaskopffisch, *Macropinna microstoma* 114
Wanderhai, *Hemiscyllium* spp. 116
Schützenfisch, *Toxotes jaculatrix* 118
Kristallqualle, *Aequorea victoria* 120
Mandarinfisch, *Synchiropus splendidus* 122
Napoleon-Lippfisch, *Cheilinus undulatus* 124
Totoaba (Umberfisch) und Vaquita (Kalifornischer Schweinswal), *Totoaba macdonaldi* und *Phocoena sinus* 128
Yeti-Krabbe, *Kiwa hirsuta* 130
Ninja-Laternenhai, *Etmopterus benchleyi* 132
Marianen-Schneckenfisch, *Pseudoliparis swirei* 134
Schwarzlippige Perlmuschel, *Pinctada margaritifera* 136
Pompeji-Wurm, *Alvinella pompejana* 138
Glatthandfisch, *Sympterichthys unipennis* 140
Sonnenblumen-Seestern, *Pycnopodia helianthoides* 142
Nacktkiemer, *Nudibranchia* 144
Schwarzer Drachenfisch, *Idiacanthus antrostomus* 148
Vampirtintenfisch, *Vampyroteuthis infernalis* 150
Säbelzahnschleimfisch, *Meiacanthus atrodorsalis* 152

KARIBISCHES MEER

Feuerfisch, *Pterois* spp. 154
Riesenzackenbarsch, *Epinephelus itajara* 156
Fliegender Fisch, *Exocoetidae* 158
Seekuh, *Sirenia* 160
Zitronenhai, *Negaprion brevirostris* 162
Kugelfischartige, *Tetraodontiformes* 164
Riffbarsch, *Pomacentridae* 166
Seepferdchen, *Hippocampus* spp. 168
Kaiserfisch und Falterfisch, *Pomacanthidae* und *Chaetodontidae* 172
Riesen-Flügelschnecke, *Aliger gigas* 176
Schaufelnasen-Hammerhai, *Sphyrna tiburo* 178

POLARMEERE

Narwal, *Monodon monoceros* 180
Antarktisfisch, *Notothenioidei* 182
Grönlandwal, *Balaena mysticetus* 184
Grönlandhai, *Somniosus microcephalus* 186
Schwarzer Heilbutt, *Reinhardtius hippoglossoides* 188
Antarktischer Krill, *Euphausia superba* 190

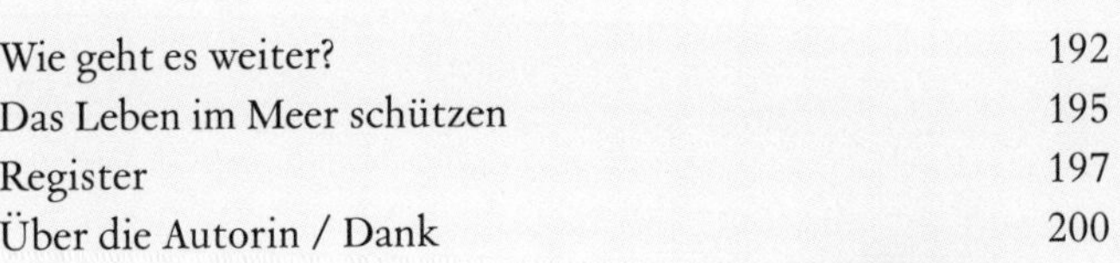

Wie geht es weiter? 192
Das Leben im Meer schützen 195
Register 197
Über die Autorin / Dank 200

Einleitung

Diese Welt, die wir Erde nennen, ist ein Wasserplanet. Sieben Zehntel der Oberfläche sind von einem riesigen, tiefen Ozean bedeckt. Mehr als 90 Prozent der Biosphäre der Erde – der Raum, in dem das Leben wohnt – sind Ozeane. Gibt es also eine bessere Art, die Welt zu bereisen, als den Tieren zu folgen, die sich an den Küsten und auf dem offenen Meer tummeln, bis in die tiefsten Tiefen? Das ist mehr oder weniger das, was ich als Meeresbiologin, Taucherin und Ozeanografin im wahrsten Sinne des Wortes mache: Ich schreibe über den Ozean (das Wort Ozeanografie leitet sich von den altgriechischen Wörtern für Meer und Schrift ab). Als ich das erste Mal mit einer Sauerstoffflasche auf dem Rücken ins Wasser sprang und einen einzelnen kleinen, unscheinbaren, silbrigen Fisch direkt vor mir sah, änderte sich meine Sicht auf die Welt schlagartig. Seitdem verfolge ich jeden Fisch, den ich finden kann, und eine Vielzahl seiner aquatischen Gefährten, angetrieben von dem Drang, mehr über sie zu erfahren, sie vor den von Menschen verursachten Schäden zu schützen und sie bei ihrem Leben im Wasser zu beobachten.

Der Ozean ist voller Wunder und Überraschungen. Überall in diesem riesigen Reich haben die Organismen Farben, Formen und Verhaltensweisen angenommen, die wir an Land nicht sehen. Der Ozean kann uns viel über unseren artenreichen Planeten erzählen und darüber, wie er in vielerlei Hinsicht gedeiht, weit über unsere eigenen Erfahrungen als Landbewohner hinaus. Er ist ein Kaleidoskop des Lebens, das darauf wartet, erforscht zu werden.

Es war keine leichte Aufgabe, nur 80 Arten für diese Unterwasserreise auf unserem Planeten auszuwählen. Es gibt Hunderttausende von bekannten Meerestieren, aus denen man auswählen kann, und viele davon mag ich unglaublich gern. Ich hätte das Buch mühelos mit Arten füllen können, die allein schon entdeckt wurden, während ich an dem Buch schrieb. Stattdessen habe ich mein Bestes getan, um eine Sammlung von Tieren zusammenzustellen, die meine Vorstellungen vom Leben im Meer verkörpern. Ich möchte Ihnen die seltsamen, verborgenen und betörenden Dinge zeigen, die sich unter und manchmal auch über den Wellen abspielen, und sogar einige Lebensformen vorstellen, von denen Sie vielleicht noch nie gehört haben. Ich möchte Ihnen aber auch einige überraschende Aspekte bekannter Arten nahebringen und Ihnen zeigen, wie die Wissenschaft immer mehr über das Leben in diesem lebenden Ozean lernt und wie all das zusammenhängt.

Alle Tiere in diesem Buch leben für gewöhnlich im Salzwasser. Viele von ihnen können wir mit Fug und Recht als Fische bezeichnen, denn sie gehören zu denselben weit verzweigten Ästen des Evolutionsbaums; sie haben Wirbelsäule und Flossen, die meisten von ihnen atmen durch ihre Kiemen, und viele von ihnen haben mit Schuppen bedeckte Körper. Zu ihnen gesellen sich alle möglichen Tiere, die der Mensch früher einmal als Fische bezeichnet hat – ein Sammelbegriff für alles, was im Meer lebt, von Walen und Delfinen bis hin zu Quallen, Seesternen und Tintenfischen.

Ich stelle sie Ihnen als Bewohner verschiedener Meeresbecken vor: Pazifik, Indischer Ozean und Atlantik sowie Mittelmeer und Polarmeere. In Wirklichkeit handelt es sich dabei nicht um Räume, die durch physische Grenzen voneinander getrennt sind, sondern um Teile eines miteinander verbundenen globalen Ozeans, der durch rastlose Strömungen und große Unterwasserflüsse vermischt wird. Ein Wassermolekül braucht im Durchschnitt 1000 Jahre, um den gesamten Globus zu umrunden. Viele der Tiere, die Sie in diesem Buch kennenlernen werden, gehen auf ihre eigene Reise um die Welt und wandern Tausende von Kilometern zwischen ihren Brut- und Nahrungsgebieten, um die Ressourcen und Bedingungen zu finden, die sie zum Überleben brauchen. Ihnen habe ich jeweils einen Ozean zugewiesen, mit dem sie am engsten verbunden sind und in dem sie die meiste Zeit verbringen. Andere bleiben an Ort und Stelle und sind nur an bestimmten Orten zu sehen.

In diesem Buch stelle ich Tiere vor, die uns zeigen, wie menschliche Kulturen seit jeher auf dauerhafte und oft unerwartete Weise mit dem Leben im Meer verbunden sind. Dies ist ein Teil unserer Welt, den wir Menschen noch immer nur kurz besuchen können. Meistens stehen wir am Rand des Meeres und blicken über die Wellen, während wir darüber nachdenken und träumen, was darunterliegt. Wir erhaschen einen Blick auf Tiere, die zwischen den Gezeiten leben, und auf andere, deren Überreste an der Strömungslinie angeschwemmt werden. Alles andere liegt im Verborgenen, und doch gibt es entscheidende Verbindungen zwischen dem Leben im Meer und unserem Leben an Land.

Das Meer hat die Menschen seit Jahrtausenden ernährt. Überreste von 23.000 Jahre alten Angelhaken und Haufen von konservierten Fischgräten, die 42.000 Jahre alt sind, sind die ältesten bekannten Beweise dafür, dass die Menschen nicht nur Meeresfrüchte aßen, die sie leicht an den Küsten auflesen konnten, sondern auch weit vor der Küste fischten und pelagische Fische wie den Thunfisch fingen. Neben der Nahrungsgewinnung haben die Menschen den Ozean erforscht und dabei verschiedenste Produkte und Materialien aus dem Wasser entdeckt, die für sie von großem Nutzen und Wert waren. Die Meere haben unzählige einzigartige und merkwürdige Substanzen hervorgebracht, von Haifischflossen und falschen Einhorn-Hörnern bis hin zu Seide, die aus den goldenen Fäden von Muscheln gewebt wurde, und wellengepeitschten Klumpen von Pottwalexkrementen.

In der heutigen Zeit suchen die Menschen in der Fauna und Flora des Meeres nach neuen Ideen zur Lösung menschlicher Probleme. Leuchtende Quallen haben die Art und Weise revolutioniert, wie Wissenschaftler Gene, Zellen, Körper und Krankheiten untersuchen. Tödliche Muscheln produzieren eine verblüffende Vielfalt an leistungsstarken Chemikalien, die für die Herstellung neuer Medikamente optimiert und angepasst werden. Ingenieure suchen bei Tieren, die sich unter extremen Bedingungen in den größten Tiefen des Ozeans entwickeln, nach Inspirationen für die nächsten Generationen von Materialien.

Während Wissenschaftler und Wissenschaftlerinnen immer mehr über den Ozean und seine Bewohner herausfinden, wird gleichzeitig immer deutlicher, dass alles Leben auf der Erde von einem gesunden Ozean abhängt. Der Ozean leistet unzählige wichtige, wenngleich auch unsichtbare Dienste. Die Hälfte des Sauerstoffs, den wir einatmen, stammt von Plankton und Algen an der Meeresoberfläche, die von der Tiefsee und von Nährstoffen, die aus der Tiefe aufsteigen, gespeist werden. Der Ozean spielt eine wichtige Rolle für das globale Klima, indem er große Mengen an Wärme und Kohlenstoff aufnimmt und den Planeten bewohnbar macht. Doch all das und noch viel mehr im Ozean ist in Gefahr.

Lange Zeit haben die Menschen den Ozean wie einen unendlichen Vorratsschrank behandelt. Gleichzeitig wurde er zum Endlager für alle Abfälle der Menschheit. Heute wissen wir, dass er beides nicht sein kann. Im Meer mischen sich so viele menschliche Einflüsse: die industrielle Fischerei, die Flut von Kunststoffen und anderen hartnäckigen Schadstoffen, gedankenlos oder absichtlich zerstörte Lebensräume und die Probleme der sich erwärmenden, steigenden und stürmischen Meere.

Die hoffnungsvolle Nachricht ist, dass allmählich mehr Menschen umdenken und erkennen, dass der Ozean trotz seiner Größe zerstört werden kann. Wir müssen alles in unserer Macht Stehende tun, um ihn so gesund, intakt und vielfältig wie möglich zu erhalten, und wir haben bessere Ideen als jemals zuvor, wie wir das erreichen können. Es gibt keine Einzellösung, die den Ozean retten wird, kein Patentrezept, das überall funktioniert. Letztlich wird es darauf ankommen, dass wir Menschen begreifen, dass der Ozean endlich, wertvoll und unersetzlich ist, und dass wir überall auf der Welt alle möglichen Maßnahmen umsetzen müssen. Ein entscheidender Teil davon ist es, einfach mehr zu wissen, sich interessiert zu zeigen und sich stärker um das Leben im Meer zu kümmern, und so hoffe ich, dass dieses Buch dazu einen Beitrag leisten wird.

Hier ist meine Auswahl von 80 Fischen und anderen Meerestieren, eine Zusammenstellung von Botschaftern des Ozeans, die ihre eigenen Geschichten über das Leben unter Wasser und die Bedeutung der Ozeane zu erzählen haben. Ich hoffe, es macht Ihnen Freude, sie kennenzulernen.

ATLANTIK

Großer Glattrochen

Dipturus intermedius

In einem schottischen Aquarium schlüpfte im Jahr 2020 ein Großer Glattrochen aus seinem Ei, entfaltete seine Flügel und begann, in seinem Becken herumzuschlagen. Das Jungtier war 27 Zentimeter lang, was zeigt, warum diese Art in freier Natur vom Aussterben bedroht ist: Schon bei der Geburt sind die Großen Glattrochen so groß, dass sie sich leicht in Fischernetzen und Schleppnetzen verfangen können.

Es war das erste Exemplar dieser riesigen, flachen Verwandten der Haie, das in Gefangenschaft geboren wurde. Ein trächtiger Großer Glattrochen wurde versehentlich von Fischern gefangen und legte sein Ei an Deck ab, bevor die Fischer ihn freilassen konnten. Das Ei schlüpfte 535 Tage später.

Große Glattrochen sind die größten Rochen im Atlantik. Ausgewachsene Tiere können ihre Flügel auf über 2 Meter ausbreiten, was in etwa der Größe eines Mantarochens entspricht. Früher waren sie als Glattrochen bekannt, aber dieser Name wurde fallen gelassen, als Wissenschaftler zwei verschiedene Arten identifizierten: den Großen Glattrochen und den Glattrochen. Zu diesem Zeitpunkt war klar, dass diese Rochen alles andere als gewöhnlich waren.

Die einzige verbliebene Hochburg der Großen Glattrochen liegt vor den Shetland- und Orkney-Inseln sowie vor der Westküste Schottlands. In den Jahren 2015 und 2021 wurden zwei Meeresschutzgebiete eingerichtet, um die für diese Art wichtigen Gebiete zu schützen. Dazu gehört auch ein Aufzuchtgebiet vor der Isle of Skye, wo Taucher 100 Eier des Großen Glattrochens zwischen Felsen und Algen auf dem Meeresboden fanden.

Die Rochen des Atlantiks und der Nordsee sind den Menschen schon seit Hunderten von Jahren bekannt. Im 16. Jahrhundert gab es in ganz Europa einen Handel mit 'Jenny Haniver'. Der Name stammt angeblich vom französischen *jeune fille d'Anvers*, „junges Mädchen aus Antwerpen", was darauf hindeutet, dass diese Exemplare oft aus der belgischen Hafenstadt kamen. Seeleute fertigten diese grotesken Objekte aus toten Rochen und verkauften sie als Drachen, Teufel, Meerjungfrauen oder, was kaum zu glauben ist, als Engel. Aus den Nasenlöchern und dem Mund eines Rochens wurde das Gesicht einer Jenny Haniver geformt, und aus den baumelnden, penisähnlichen Haftorganen eines männlichen Rochens wurden die Beine.

Heutzutage sammeln die Menschen vielmehr die an die Strände gespülten leeren Rochen-Eikapseln. Die Suche nach Eiern ist für Amateurforscher zu einer wichtigen Methode geworden, um die Populationen von Großen Glattrochen und anderen eierlegenden Haien zu verfolgen.

ATLANTIK

Gewöhnlicher Tintenfisch

Sepia officinalis

Der wissenschaftliche Name des Gewöhnlichen Tintenfischs gibt einen starken Hinweis auf eine der wichtigsten Verwendungen, die der Mensch für diese Tiere hat. Schon in der Antike kannte man die dunklen Tintenwolken, die Tintenfische ausstoßen, wenn sie sich erschrecken. Ihre Tintensäcke können im Ganzen abgesaugt und die darin enthaltenen Pigmente zu Tinte und Aquarellfarbe mit rötlichbrauner Tönung verarbeitet werden.

Tintenfischtinte hatte ihre Blütezeit im 18. und 19. Jahrhundert, als Künstler wie J.M.W. Turner und Vincent van Gogh Sepia für ihre Federzeichnungen verwendeten. Die Tinte lässt sich nicht nur aus den Säcken gerade getöteter Tintenfische herstellen, sondern auch aus den konservierten Überresten ihrer Vorfahren. Im Jahr 1826 fand die britische Paläontologin Mary Anning einen fossilen Belemniten, einen ausgestorbenen Verwandten der Tintenfische, dessen ursprünglicher Tintenbeutel noch mit melaninreichen Pigmenten gefüllt war. Ihre Freundin und Kollegin Elizabeth Philpot mischte das versteinerte Pigment mit Wasser und benutzte es, um Bilder von Ichthyosaurier-Fossilien zu malen, die in denselben 200 Millionen Jahre alten Gesteinen gefunden wurden wie der alte tintenhaltige Kopffüßer.

Sepia-Fotografien hingegen haben nichts mit Tintenfischen zu tun – außer ihrer Farbe. Die in der viktorianischen Zeit beliebten braunen Monoton-Fotografien sind keine verblichenen Schwarz-Weiß-Bilder, sondern wurden durch ein chemisches Verfahren in Dunkelkammern hergestellt, das diese Sepia-Töne erzeugte.

Tintenfische verwenden ihre Tinte zur Verteidigung, indem sie eine dunkle Wolke versprühen, um Angreifer zu erschrecken. Auch andere Kopffüßer stellen Tinte her, darunter Kalmare und Kraken. Klebriger Schleim, der mit der Tinte vermischt ist, bildet einen Klecks im Wasser, der als Pseudomorph bezeichnet wird und als Köder dienen kann, während der echte Tintenfisch entkommt. Fleckige Zwergtintenfische bilden Stränge aus Tinte, die fünfmal so lang sind wie ihr Körper (nur etwa 1 cm), an denen sie sich festhalten und zwischen denen sie sich verstecken, vielleicht getarnt als ein Büschel treibender Algenblätter.

Es gibt mehr als 100 Tintenfischarten, darunter die australische Riesensepia (*Sepia apama*), die über 1 Meter lang und 10 Kilogramm schwer wird, der Gestreifte Pyjama-Tintenfisch (*Sepioloidea lineolata*) und die Prachtsepia (*Metasepia pfefferi*) – der Bestandteil „Pracht“ in ihrem Namen ist eine passende Beschreibung für ihr atemberaubenden Aussehen und ihre flimmernden Farben.

Die weißen, ovalen Sepiaschalen, die an den Stränden angespült werden, sind die schwammigen Innenschalen der Tintenfische, die einen ähnlichen Zweck erfüllen wie das Gehäuse des Gemeinen Perlbootes, das den Auftrieb verstärkt. Wenn Tintenfische sterben, treiben ihre „Knochen" an die Oberfläche und werden oft an den Strand gespült. Früher sammelten und zermahlten die Menschen sie, um sie als Polierpulver und als Zusatz für Zahnpasta zu verwenden. Da sie aus Kalziumkarbonat bestehen, wurden Sepiaschalen sogar als Antisäuremittel verwendet. Bei einer traditionellen Metallgusstechnik werden Sepiaschalen als Gussformen verwendet. Ein Ring, der zwischen zwei Tintenfischknochen gepresst wird, hinterlässt einen Abdruck, der mit geschmolzenem Metall gefüllt werden kann, um eine Nachbildung herzustellen. Heutzutage geben Menschen, die Vögel, Chinchillas und sogar Einsiedlerkrebse und Schnecken halten, ihren Haustieren Sepiaschalen zum Nagen, um den Kalziumgehalt der Nahrung zu ergänzen.

Wie verschiedene ihrer Kopffüßer-Verwandten erweisen sich auch Tintenfische als beeindruckend intelligent. In einer kürzlich an der Universität Cambridge durchgeführten Studie bewiesen Tintenfische ihre bemerkenswerte Selbstkontrolle. Sie bestanden eine Version des berühmten Marshmallow-Tests, bei dem Kindern entweder ein Marshmallow sofort oder aber zwei bei längerem Warten angeboten werden. Anstelle von Marshmallows wurden den Tintenfischen weniger bevorzugte Garnelenstücke angeboten, die sie sofort essen konnten, oder sie konnten sich für die köstlicheren lebenden Shrimps entscheiden. Den Shrimp bekamen sie aber nur, wenn sie warteten und die Garnelenstücke nicht aßen. In den Tests warteten die Tintenfische tatsächlich auf den schmackhafteren Snack, und zwar mehr als zwei Minuten lang. Die Tintenfische wendeten sich von den Garnelenstücken ab und widerstanden bewusst der Versuchung, während sie auf den schmackhafteren Snack warteten. Diese Fähigkeit, die Belohnung hinauszuzögern, ist ein Zeichen dafür, dass Tintenfische Entscheidungen treffen und für die Zukunft planen können.

ATLANTIK

Stör

Acipenseridae

Die meisten Menschen haben noch nie einen ausgewachsenen Stör gesehen – mit Reihen von Knochenplatten, die Schuppen genannt werden, und baumelnden Schnurrbärten, den sogenannten Barben –, aber viele sind mit diesen Fischen in einem früheren Lebensstadium vertraut: Störeier sind seit Langem eine Delikatesse für Feinschmecker. Schon der griechische Philosoph Aristoteles lobte den Kaviar. Die Delikatesse wurde im 19. Jahrhundert sehr beliebt, als die Franzosen begannen, ihn aus Russland zu importieren, und im frühen 20. Jahrhundert überschwemmte amerikanischer Kaviar den Weltmarkt. Er war so billig, dass er wie Erdnüsse als salziger Bar-Snack verschenkt wurde, um die Gäste zum Trinken zu animieren.

Auch heute noch werden jedes Jahr Hunderte Tonnen Kaviar produziert und verzehrt, die größtenteils von gezüchteten und nicht von wilden Stören stammen. Am begehrtesten ist der Kaviar vom Beluga-Stör (*Huso huso*), einer riesigen Art aus dem Kaspischen und Schwarzen Meer. Mit einer Länge von bis zu 8 Metern übertreffen diese Störe ihre Namensvetter unter den Säugetieren, die Belugawale. Im Jahr 1924 wog ein in Russland gefangener weiblicher Beluga-Stör 1,2 Tonnen, einschließlich fast einer Vierteltonne Eier. Die Art ist heute aufgrund von Überfischung und Wilderei vom Aussterben bedroht. Das Gleiche gilt für den Sternhausen (*Acipenser stellatus*) und den Russischen Stör (*Acipenser gueldenstaedtii*), zwei Arten, die in ihren früheren Verbreitungsgebieten im Schwarzen Meer, im Asowschen Meer und im Kaspischen Meer immer seltener zu sehen sind. Ihre Eier werden als Sevruga- bzw. Ossetra-Kaviar geschätzt. Der Familie der Störe geht es insgesamt nicht gut, denn 23 von 27 Arten sind vom Aussterben bedroht. Staudämme, die die Wanderwege zu den Laichgründen der Störe blockieren, fordern ebenfalls ihren Tribut von den Beständen.

Neben den Eiern gibt es noch ein weiteres, weniger bekanntes Körperteil der Störe, das die Menschen seit Jahrhunderten entnehmen und nutzen: Wie viele Fische haben auch Störe eine mit Gas gefüllte Schwimmblase, die ihnen hilft, ihren Auftrieb zu kontrollieren. Die dünnhäutige Blase eines Störs hat mehr oder weniger die richtige Form und Größe, um zu Kondomen verarbeitet zu werden, die mit Bändern zusammengebunden wurden. Jahrhundertelang wurden in Europa Fischkondome verwendet und im englischen Bürgerkrieg an Soldaten verteilt, um die Verbreitung der Syphilis einzudämmen. Eine dauerhafte und weit verbreitete Verwendung der Schwimmblasen von Stören ist auch die Herstellung einer transparenten Substanz namens Hausenblase. Im alten Ägypten wurde Hausenblase als Klebstoff verwendet, und die Römer nutzten sie, um Wunden zu versiegeln und Knochenbrüche zu heilen. Es gibt Berichte über römische Unterhaltungskünstler, die sich damit die Füße einschmierten, um sich vor Verbrennungen zu schützen, wenn sie über heiße Kohlen liefen.

Jahrhunderte später begannen britische Bierbrauer, Hausenblase zu verwenden. Der hohe Kollagengehalt bewirkt, dass die Hefe im Bier verklumpt und sich absetzt, wodurch das Bier klar und spritzig wird. Dies wurde besonders wichtig, als die Bierkrüge aus Keramik und Metall durch Glaskrüge ersetzt wurden. Ursprünglich wurde die Hausenblase des Russischen Störs verwendet. Sie war ein Nebenprodukt des Kaviarhandels. Mitte des 18. Jahrhunderts stellte man fest, dass die billigeren Schwimmblasen vom Kabeljau genauso gut funktionierten. Einige Bierbrauer verwenden auch heute noch Hausenblase. Bis 2017 waren Spuren davon in jedem Glas Guinness enthalten.

In Westeuropa ist eine eigene Störart beheimatet, die – wie ihre östlichen Vettern – vom Aussterben bedroht ist. Europäische Störe werden seit Jahrhunderten gejagt, hauptsächlich wegen ihres Fleisches. Ähnlich wie der Lachs verbringt der Stör die meiste Zeit seines Lebens im Meer, bevor er flussaufwärts wandert, um im Landesinneren zu laichen. In früheren Zeiten laichten Störe in riesigen Schwärmen. Dieses Spektakel wurde zuletzt 1994 im Mündungsgebiet der französischen Gironde beobachtet. In den letzten Jahrzehnten wurden Anstrengungen unternommen, um die Populationen zu stärken. Zwischen 2007 und 2015 wurde etwa 1,6 Millionen Störbrut in Gefangenschaft aufgezogen und in die freie Wildbahn entlassen. Männchen brauchen 12 Jahre bis zur Geschlechtsreife und Weibchen 20 Jahre, sodass diejenigen, die überlebt haben, bald paarungsbereit sein sollten. Fischereiwissenschaftler halten die Augen offen, denn jeden Tag könnten die in Gefangenschaft gezüchteten Störe wieder in den Laichgebieten in ganz Europa auftauchen.

Napfschnecke

Patellidae

Napfschnecken sind unscheinbare Meeresschnecken. Manche mögen sie als langweilig bezeichnen, aber das hängt wirklich davon ab, wann man ihnen begegnet. Napfschnecken haben gelernt, in einer sich ständig verändernden Welt zu überleben. Im Laufe eines Tages, wenn die Gezeiten steigen und fallen, müssen sie mit kaltem Wasser und hohen Wellen zurechtkommen, gefolgt von trockener Luft und der Möglichkeit, von der Sonne gekocht zu werden.

Bei Ebbe sind sie zwar am einfachsten zu sehen, aber genau dann haben sie sich sehr zurückgezogen und halten sich versteckt. Sie sehen aus wie kleine, inaktive Vulkane. Eine Napfschnecke fixiert ihr Gehäuse mit einem klebrigen Schleim fest an einem Felsen, wobei ihr muskulöser Fuß als Saugnapf dient. So trocknet die Schnecke nicht aus und hungrige Seevögel können sie nicht aufpicken. Um eine Napfschnecke von einem Felsen zu lösen, ist eine Kraft von bis zu 100 Kilogramm erforderlich.

Wenn die Flut kommt, wachen die Napfschnecken auf und gehen auf Nahrungssuche. Sie kratzen mit ihrer sandpapierartigen Zunge an jungen Algensporen, als würde eine Katze eine Schüssel mit gefrorener Milch ablecken. Wenn Sie bereit sind, sich nasse Füße zu holen und eine felsige Küste bei nahender Flut vorsichtig erkunden wollen, schleichen Sie sich an einen mit Napfschnecken bewachsenen Felsen und halten Sie Ihr Ohr daran. Vielleicht hören Sie sie kauen.

Achten Sie auf die geometrischen Kunstwerke, die Napfschnecken auf die Felsen zeichnen. Die Zickzackspuren zeugen von außerordentlich widerstandsfähigen Zähnen, die ihre Zunge bedecken. Ein Team von Materialwissenschaftlern entdeckte, dass das Geheimnis ihrer Superfestigkeit in Massen von winzigen Röhren aus einem eisenreichen Mineral namens Goethit liegt. Napfschneckenzähne sind das härteste biologische Material. Wenn sie wollte, könnte sich eine Napfschnecke durch eine kugelsichere Weste fressen.

Wissenschaftler haben die schimmernden Streifen der Durchscheinenden Häubchenschnecke – der schillerndsten Napfschneckenart – untersucht. Ihre Schalen enthalten dünne Schichten einer ungeordneten Struktur, die blaues Licht auf eine Weise reflektiert, die auch in der menschlichen Welt Anwendung finden könnte, zum Beispiel in Form von transparenten optischen Displays, die auf die Windschutzscheiben von Autos projiziert werden.

Ein weiteres Geheimnis der Napfschnecken bleibt ungelöst. Wenn die Flut zurückgeht, kehren sie direkt an den Ort zurück, den sie ihr Zuhause nennen. Bislang weiß niemand so recht, wie es möglich ist, dass eine Napfschnecke sich nie verirrt.

ATLANTIK

Sägerochen

Pristis spp.

Heutzutage ist es ein seltenes Ereignis, die gezackte Schnauze eines wilden Sägerochens zu sehen. Früher waren sie in mehr als 90 Ländern der Welt an den Küsten zu finden, wo sie alle Arten von Glauben inspirierten. Doch gerade der Körperteil, der diese Mythen und Legenden hervorgebracht hat, führte auch zum Untergang der Sägerochen. Ihr beeindruckendes, stacheliges Rostrum, ein Auswuchs des Kopfes, dient zum einen als Sonde, die winzige elektromagnetische Signale von Beutetieren aufspürt, und zum anderen als Waffe zum Aufschlitzen und Töten. Das Rostrum kann bis zu einem Viertel der Körperlänge eines Sägerochens ausmachen und verheddert sich nur allzu leicht in Fischernetzen.

Ein Streifzug durch die Welt der Kunst, Volksgeschichten und Artefakte zeigt, wie die Menschen seit Jahrtausenden den Sägerochen als übernatürliche Kraft, Krieger, Beschützer und Glücksbringer verehrt haben. In den antiken Ruinen des Aztekenreichs fand man Gräber, in denen Sägerochen als Opfergaben aufbewahrt wurden. Diese rituellen Gegenstände wurden vielleicht für Menschenopfer oder als Opfergaben für die Götter verwendet. Auf alten Töpferwaren des Coclé-Volkes in Panama, die vor 1400 Jahren hergestellt wurden, sind stilisierte Sägerochen abgebildet, und diese Tiere sind auch heute noch für die indigenen Völker Panamas von Bedeutung. Die Kuna, die im San-Blas-Archipel vor der Küste Panamas leben, glauben, dass Sägerochen sie vor gefährlichen Meeresbewohnern schützen und Menschen vor dem Ertrinken bewahren, und Schamanen beschwören die Hilfe goldener Sägerochengeister.

Den Anindilyakwa im australischen Nordterritorium zufolge haben die Sägerochen mit ihren zahnartigen Sägen Flüsse gegraben. Am Fluss Sepik in Papua-Neuguinea glauben die Eingeborenen, dass die Geister der Sägerochen diejenigen bestrafen, die gegen Fischerei-Tabus verstoßen, indem sie schreckliche Regenstürme auslösen. In Borneo ist der Gelehrte, der den Islam auf die Insel brachte, als Tuan Tunggang Parangan, „Herr Sägerochenreiter", bekannt, weil er auf dem Rücken eines riesigen Sägerochens angekommen sein soll.

Der Sägerochen, der als „Hai mit Schwert" gilt, wird gemeinhin mit der Kriegsführung in Verbindung gebracht. Auf den Philippinen, in Papua-Neuguinea, im Senegal und sogar in Neuseeland, wo die Art in der Natur nicht vorkommt, wurden ihre Rostren als traditionelle Waffen verwendet. Im Iran fand man Sägerochen in 6000 Jahre alten Ruinen, und sie waren als tierische Schwertträger dargestellt worden, ein Symbol für Krieger. In jüngerer Zeit, während des Zweiten Weltkriegs, wurden U-Boote der Nazis und auch ein amerikanisches U-Boot mit Sägerochen-Insignien geschmückt.

Auf dem Bissagos-Archipel in Guinea-Bissau, Westafrika, führen junge Männer Tänze auf, bei denen sie dreieckige Holzmasken tragen, auf deren

Spitze einst das Rostrum eines jungen Sägerochens saß; als der Sägerochen aus der Natur verschwand, wurden stattdessen Holzmodelle verwendet. In Nigeria tragen Tänzer lebensgroße Sägerochenmasken, die die wohlwollenden Wassergeister imitieren, von denen sie glauben, dass sie Reichtum und gute Fischfänge bescheren. In Gambia werden Sägerochenrostren aufgehängt, um Häuser und Ställe vor Katastrophen und Bränden zu schützen.

Heute sind Sägefische am häufigsten auf den Münzen und Banknoten des westafrikanischen CFA-Franc abgebildet, der in acht meist an der Küste gelegenen Ländern zwischen Senegal und Benin verwendet wird. Das Motiv stellt eines der alten Bronzegewichte dar, die vor Jahrhunderten in Ghana verwendet wurden, um die traditionelle Währung Goldstaub abzumessen.

Sie sehen zwar aus wie Haie mit einem zusätzlichen, grimmigen Nasenstück, aber Sägerochen sind Rochen, Verwandte der Haie innerhalb der Plattenkiemer; man erkennt sie daran, dass sich ihre Kiemen auf der abgeflachten Unterseite ihres Körpers befinden. Manchmal werden sie mit Sägehaien verwechselt (die Kiemen an den Seiten haben und tatsächlich Haie sind), die ein ähnliches gezahntes Rostrum aufweisen, aber auch ein Paar Barteln, die wie ein schnöseliger Schnurrbart herunterhängen. Die Tatsache, dass es sich nicht um Haie handelt, schützt Sägerochen nicht davor, wegen ihrer Flossen für eine Haifischflossensuppe gejagt zu werden. Die Populationen der fünf bekannten Sägerochenarten sind in den letzten Jahrzehnten vor allem durch Überfischung geschrumpft. Die einzigen Orte, an denen man noch eine Chance hat, einen Sägerochen zu sehen, sind Florida und Nordaustralien, wo sie streng geschützt sind.

ATLANTIK

Europäischer Aal

Anguilla anguilla

Aale sind ewig geheimnisvolle Fische. Seit Tausenden von Jahren sind sie von großen Fragen umgeben. Die neugierigste lautet: Woher kommen die Aale? Im Laufe der Jahrhunderte haben die Menschen verschiedene Ideen dazu entwickelt. Im alten Ägypten sagte man, Aale würden durch die Sonne entstehen, die den Nil erwärmt. Der antike griechische Philosoph Aristoteles brachte die Idee auf, dass Aale spontan aus dem Schlamm entspringen. Plinius der Ältere behauptete, dass sie sich an Steinen rieben und dabei Hautfetzen abwarfen, die als junge Aale wieder zum Leben erwachten.

Dass der Ursprung der Aale so lange rätselhaft war, mag vielleicht überraschen, wenn man bedenkt, wie viele Aale von Menschen verspeist wurden. Es handelt sich um Europäische Aale, eine von 18 Arten der Gattung *Anguilla*. Im mittelalterlichen England war der Aal ein wichtiges Wirtschaftsgut. Aale waren ein billiges Nahrungsmittel für die breite Masse und wurden mit Weidenreusen in Flüssen und Seen im ganzen Land gefangen. Die Menschen aßen nicht nur Aalpasteten und schlürften Aalbrühe, sondern bezahlten auch ihre Miete mit Aalen. Bis zum Ende des 11. Jahrhunderts wurden jedes Jahr mehr als eine halbe Million dieser Tiere als Zahlungsmittel verwendet. Grundherren, die dafür bekannt wurden, dass sie Aale als Zahlungsmittel akzeptierten, nahmen die glitschigen Tiere in ihr Familienwappen auf.

Im 18. und 19. Jahrhundert waren Aale in England weiterhin ein beliebtes Nahrungsmittel, darunter auch Aal in Gelee, ein Gericht, das ursprünglich aus dem Londoner East End stammte und eine Zeit lang aus in der Themse gefangenen Aalen zubereitet wurde. Aale sind von Natur aus reich an Gelatine, die beim Kochen in Brühe freigesetzt wird und dann zu festem Gelee erstarrt. Und die Engländer sind nicht die Einzigen, die gern Aal essen. In Deutschland, Polen und Dänemark wird Aal geräuchert, in Schweden in Bier geschmort, in Italien in Tomatensauce und in Belgien in einer grünen Kräutersauce gekocht.

Doch das Geheimnis des Aals blieb bestehen. Noch in der Mitte des 19. Jahrhunderts kursierten alte Vorstellungen, wonach Aale ihr Leben als Käfer beginnen. So lächerlich das auch klingen mag, Aale sind erstaunliche Verwandlungskünstler und verändern ihr Aussehen im Laufe ihres Lebens radikal. Schließlich fand man heraus, dass es sich bei den vermeintlich verschiedenen Tieren in Wirklichkeit um Aale handelt, die sich in Alter und Lebensphase unterscheiden.

Es gibt durchsichtige „Zappelphilippe“, die wie gläserne Schnürsenkel aussehen und als Glasaale bezeichnet werden. Viel größer sind die Gelbaale, die man im Binnenland findet, oftmals in Teichen und Seen. Silberaale sieht man entlang der Flüsse in Richtung Meer schwimmen. Dies sind die drei wichtigsten Stadien im Lebenszyklus der Aale, doch es bleiben Rätsel.

Sigmund Freud, der Begründer der Psychoanalyse, beschäftigte sich in seiner frühen wissenschaftlichen Laufbahn mit einem ganz anderen Tier als dem Menschen. In den 1870er Jahren verbrachte er viele Stunden an seinem Seziertisch in der Hoffnung, als erster Mensch die Hoden eines Aals zu sehen. Er konnte keine finden, und dank der späteren Arbeit eines dänischen Wissenschaftlers wissen wir jetzt, warum.

Wie viele andere vor ihm war auch Johannes Schmidt von der Frage fasziniert, woher die Aale kommen. 20 Jahre lang suchte er im Atlantik nach Aallarven, und 1923 veröffentlichte er eine Arbeit, in der er deren Ursprung in der Sargassosee, einem riesigen Gebiet in der Nähe der Bermuda-Inseln, feststellte. Seine Theorie, der die meisten Wissenschaftler noch immer zustimmen, besagt, dass Aale zum Laichen dorthin wandern. Die Larven, die wie kleine Blätter mit winzigen Köpfen aussehen, sind von der Sargassosee nach Europa getrieben (die Amerikanischen Aale, *Anguilla rostrata*, laichen in demselben Gebiet und treiben als Larven nach Westen). Wenn sie die europäische Küste erreichen, verwandeln sich die Larven in Glasaale. Sind sie älter, wandern sie als Gelbaale durch die Flüsse ins Landesinnere, wo sie jahrzehntelang bleiben, bevor sie sich ein letztes Mal in Silberaale verwandeln und Tausende von Kilometern zurück zu ihrem Geburtsort schwimmen, um unterwegs zu reifen. Doch bisher hat noch niemand einen geschlechtsreifen Silberaal mit funktionierenden Keimdrüsen in der Nähe der Sargassosee gesehen.

Heute stellt sich die große Frage, was die Zukunft für die Aale bringt. In den letzten Jahrzehnten ist die Zahl der Glasaale an den europäischen Küsten um mehr als 95 Prozent zurückgegangen. Der Europäische Aal ist inzwischen vom Aussterben bedroht. Der Rückgang ist auf Dämme zurückzuführen, die ihre Wanderwege in den Flüssen blockieren, sowie auf einen milliardenschweren illegalen Aalhandel. Die Nachfrage nach Aalen in der asiatischen Küche wird durch die einheimische Art, den Japanischen Aal (*Anguilla japonica*), nicht gedeckt, und Aale lassen sich in Gefangenschaft nicht vermehren. Aalschmugglerbanden machen riesige Gewinne mit dem Handel von wild gefangenen Europäischen Glasaalen, die in Fischfarmen in Asien aufgezogen werden sollen. Naturschützer bezeichnen dies als das weltweit größte Verbrechen an der Tierwelt.

ATLANTIK

Riesenhai

Cetorhinus maximus

Unterschätzen Sie niemals die Fähigkeiten von Riesenhaien. Sie sind vor allem als ruhige Planktonsauger bekannt, die mit ihren riesigen Mäulern hin- und herschwimmen und winzige Beutetiere aus dem Meer filtern, ohne dass sie dafür eine große Geschwindigkeit benötigen. Doch wenn man einem dieser Tiere lange genug folgt, erlebt man wahrscheinlich, wie es unvermittelt seinen ganzen Körper aus dem Wasser hebt. Riesenhaie können einen Meter oder mehr aus dem Wasser hervorstoßen – eine beeindruckende Leistung für Tiere, die mehr als 10 Meter lang und 3 bis 4 Tonnen schwer sein können. Als zweitgrößter Fisch der Welt landen sie natürlich mit einem beträchtlichen Platsch.

Nach der Analyse von Videoaufnahmen dieser Luftakrobatik haben Wissenschaftler berechnet, dass springende Riesenhaie mit 18 Stundenkilometern unterwegs sind, wenn sie aus dem Wasser schießen. Das ist die gleiche Geschwindigkeit, die Weiße Haie bei ähnlichen Kunststücken erreichen. Es ist logisch, dass Weiße Haie eine solche Geschwindigkeit erreichen können, denn sie sind aktive Top-Raubtiere und jagen schnell schwimmende Beutetiere, wie etwa Robben. Riesenhaie aalen sich die meiste Zeit im Wasser, können aber ihr Tempo erheblich steigern, wenn sie wollen.

Warum gerade Riesenhaie – und übrigens auch Weiße Haie – so viel Energie aufwenden, wenn sie aus dem Meer springen, ist ein weiteres großes ungelöstes Rätsel des Ozeans. Die Wissenschaft hat viele Ideen dazu. Die Haie könnten sich gegenseitig Nachrichten schicken, mit ihren Partnern angeben, ihre Dominanz demonstrieren oder vielleicht juckende Parasiten aus ihrer Haut entfernen. Riesenhaie gehen auch auf lange Reisen. Ein Weibchen wurde vor der Isle of Man mit einem Satellitensender markiert und machte sich dann auf den Weg über den Atlantik, wobei es in weniger als drei Monaten fast 10.000 Kilometer zurücklegte und schließlich in Neufundland, Kanada, landete. Haie von Cape Cod sind bis zur Mündung des Amazonas geschwommen, vielleicht um die Paarungs- und Aufzuchtgebiete zu erreichen.

Früher wurden Riesenhaie wegen ihrer riesigen, öligen Lebern gejagt, die reich an Vitamin A und Squalen sind, einem Stoff, der zur Herstellung von industriellen Schmiermitteln und Kosmetika verwendet wird. In Norwegen, Schottland und Irland werden sie seit dem 18. Jahrhundert gefangen. In den 1940er Jahren, bevor er seinen Bestseller über Otter, *Ring of Bright Water* (1960), schrieb, versuchte der britische Naturforscher Gavin Maxwell, auf der schottischen Insel Soay eine Riesenhai-Fischerei einzurichten. Er schrieb über seine Versuche, die Tiere mit Maschinengewehren, Schrotflinten und Harpunen zu töten, und beschrieb die blutige Herausforderung, ihre Lebern aus dem Körperinneren zu extrahieren. Damals wurden in Schottland kleine Kopfgelder an Fischer gezahlt, die Riesenhaie töteten, weil diese Fische als Schädlinge galten.

Sie beschädigten die Fischernetze, da sie sich darin verhedderten, und damals glaubte man auch, dass Riesenhaie – mit ihren riesigen Kiefern – die wertvollen Fischbestände ausplünderten. In ähnlicher Weise wurde der Bestand der Riesenhaie vor British Columbia in Kanada gejagt. Zwischen 1955 und 1964 gab es ein staatliches Ausrottungsprogramm und ein Patrouillenschiff mit einer Klinge am Bug, mit der Riesenhaie in zwei Hälften geschnitten werden konnten.

An den meisten Orten brach die Riesenhai-Fischerei zusammen, als sich die Populationen dezimierten und sie nicht mehr leicht zu fangen waren. Man geht davon aus, dass noch in den 1990er Jahren im Vereinigten Königreich 100.000 Exemplare im Nordatlantik gefangen wurden. Heute ist die Art weitgehend vor der Fischerei geschützt, und die Bestände in freier Wildbahn scheinen relativ stabil zu sein. Einige werden immer noch zufällig gefangen, und ihre riesigen Flossen sind sehr wertvoll, nicht so sehr für die Suppe, sondern als Trophäen.

Der Grund für die vielen verlockenden Fabeln über Seeungeheuer in der Geschichte ist wahrscheinlich auf die Riesenhaie zurückzuführen. Wenn ihre Kadaver auf natürliche Weise an Stränden angespült werden, können sie sich in einem derartigen Zustand der Verwesung und Zerstückelung befinden, dass die Menschen schnell anfangen, sich schreckliche Bestien vorzustellen.

ATLANTIK

Blauflossen-Thunfisch

Thunnus thynnus

Blauflossen-Thunfische sind große, schnelle Fische. Sie können die Größe eines Kleinwagens erreichen und schwimmen ähnlich schnell, angetrieben von ihrem sichelförmigen Schwanz, der das Wasser durchschneidet, und ihren kräftigen, roten Muskeln, die durch das warme Blut, das ihren Körper durchströmt, erhitzt werden. Die eindrucksvolle Gestalt des Blauflossen-Thunfischs ist es, die ihn so berühmt werden ließ, als Symbol für den raschen ökologischen Untergang, aber auch als Feinschmeckergericht. Auf den feierlichen Fischauktionen in Tokio werden jedes Jahr im Januar einzelne Exemplare des Blauflossen-Thunfischs zu Wucherpreisen verkauft. Im Jahr 2019 zahlte der selbsternannte „Thunfischkönig", der Sushi-Restaurantbesitzer Kiyoshi Kimura, 333,6 Millionen Yen (rund 3 Millionen Dollar) für einen einzigen Fisch. Die Neujahrsauktionen sind ein Marketing-Gag – die Preise sind während des restlichen Jahres nie so hoch –, dennoch sind sie ein Zeichen für die Beliebtheit des Blauflossen-Thunfischs. Aber das war nicht immer so.

Traditionell zogen die Japaner für ihre Sushi mildere, subtilere Fische wie Weißfisch und Schalentiere dem fleischigen Geschmack des Blauflossen-Thunfischs vor. In den 1840er Jahren erhielt der Thunfisch den Spitznamen *neko-matagi*, was so viel bedeutet wie „selbst eine Katze würde darübersteigen". In den 1950er Jahren änderte sich die Einstellung zum Thunfisch weit von Japan entfernt. In den Vereinigten Staaten und Kanada begannen Sportfischer, den mächtigen Blauflossen-Thunfisch zu bekämpfen, der saisonal die Atlantikküste entlangwanderte. Die Tiere wurden zum beliebten Objekt für Fischer, die mit ihren riesigen Ruten und Rollen mit ihnen kämpften. Um Wettkämpfe zu gewinnen und die Fänge zu präsentieren, wurden die Tiere zum Wiegen und Fotografieren an Land gebracht, bevor die Kadaver in den meisten Fällen weggeworfen wurden. Thunfische wurden auf Mülldeponien entsorgt, wieder ins Meer geworfen oder manchmal sogar an Tierfutterfabriken verkauft, aber niemand in Nordamerika dachte daran, sie zu essen. Das blutige Fleisch war nicht nach dem Geschmack der Menschen.

Das war ungefähr zu der Zeit, als japanische Elektronikgeräte in den Vereinigten Staaten sehr populär wurden und massenweise über den Pazifik geflogen wurden. Der Haken war nur, dass diese Flugzeuge leer nach Hause zurückflogen. Die japanischen Fluggesellschaften beauftragten ein Team, in Nordamerika einen Rohstoff zu finden, mit dem sie die Laderäume ihrer Flugzeuge füllen konnten, und da kamen die Blauflossen-Thunfische ins Spiel. Ein Manager schlug vor, die billigen tiefgefrorenen Karkassen des Blauflossen-Thunfischs, die von Sportfischern entsorgt wurden, in die Flugzeuge zu laden und sie bei Sushi-Köchen zu bewerben. Die Initiative fiel zufällig mit einer Veränderung des japanischen Geschmacks nach dem Zweiten Weltkrieg zusammen, als mehr Menschen begannen, Rindfleisch zu essen. Das Land war bereit für den fleischigeren Geschmack

des Blauflossen-Thunfischs, und der Fisch wurde ein Erfolgsschlager. Es dauerte nicht lange, bis die Vorliebe für *toro* aus Japan zurück in die Vereinigten Staaten exportiert wurde und die Nachfrage nach Blauflossen-Thunfisch weltweit anstieg. Innerhalb weniger Jahre wurde der Blauflossen-Thunfisch dank eines geschickten Marketingkonzepts vom Ramschfisch zur Delikatesse.

Es gibt drei Arten von Blauflossen-Thunfisch. Die Atlantischen Blauflossen-Thunfische sind die größte Art, dann folgen die Nordpazifischen Blauflossen-Thunfische (*Thunnus orientalis*) und die Südlichen Blauflossen-Thunfische (*Thunnus maccoyii*), die im Nord- bzw. Südpazifik leben. Sie alle wurden für den Sushi-Handel gefangen, und ihr Bestand ist infolgedessen stark zurückgegangen. Von je 50 Atlantischen Blauflossen-Thunfischen, die 1940 noch lebten, war 2010 nur noch einer übrig. Zu dieser Zeit sah es für die wilden Blauflossen-Thunfische so schlecht aus, dass auf Grundlage wissenschaftlicher Gutachten Maßnahmen ergriffen wurden, um die zulässigen Fangquoten zu senken. Die gute Nachricht ist, dass dies zu funktionieren scheint und sich der Blauflossen-Thunfisch auf dem Weg der Besserung befindet. Die Bestände sind zwar immer noch weitaus geringer als vor Beginn der kommerziellen Fischerei, aber die Populationen nehmen langsam zu, und der Blauflossen-Thunfisch gilt nicht mehr als gefährdet. Auf der globalen Liste der gefährdeten Arten wurde der Südliche Blauflossen-Thunfisch von der Kategorie „kritisch gefährdet“ in die weniger dringliche Kategorie „gefährdet“ verschoben, was die Zunahme seiner Bestände widerspiegelt.

ATLANTIK

Petersfisch

Zeus faber

Der Petersfisch ist mit seiner Stachelkrone, seiner bronzefarbenen Haut und einem dunklen Fleck auf jeder Seite seines abgeflachten, aufrechten Körpers ein seltsamer Fisch. Es ist nicht viel über diese Art bekannt, die weltweit in warmen Meeren lebt und als einsamer Jäger aus dem Hinterhalt umherstreift. Noch rätselhafter sind die Ursprünge sowohl seines gewöhnlichen wie seines wissenschaftlichen Namens. Der schwedische Naturforscher des 18. Jahrhunderts, Carl von Linné, der „Vater der Taxonomie", benannte die Art in seinem umfangreichen Werk *Systema naturae*. Die Gattung *Zeus* ist nach dem altgriechischen Gott des Himmels benannt; *faber* bedeutet Schmied und steht vielleicht für den schwarzen Daumenabdruck des Fisches.

Die Art wird im Englischen auch als *St. Peter's fish* bezeichnet, im Italienischen als *pesce San Pietro* und im Spanischen als *pez San Pedro*. Der schwarze Fleck ist angeblich die Stelle, an der der heilige Petrus, der Schutzpatron der Fischer, den Fisch aufgelesen hat. Eine ähnliche Geschichte wird über den dunklen Fleck auf der Seite eines Schellfisches erzählt, obwohl in einigen Versionen der Teufel sein Zeichen hinterlassen hat.

Es gibt verschiedene Geschichten darüber, wie der Fisch unter dem englischen Namen John Dory bekannt wurde, aber keine davon ist wirklich überzeugend. Manche sagen, der Name leitet sich von den französischen Wörtern *jaune* und *dorée* ab, was gelb und golden bedeutet und angesichts des vergoldeten Aussehens des Fisches einen gewissen Sinn ergibt.

Wo auch immer der Name herkommt, Petersfische werden mit der weiteren Erwärmung der Meere immer häufiger anzutreffen sein. Fischereiwissenschaftler sagen voraus, dass Arten aus kühlen Gewässern, wie etwa der Kabeljau, zunehmend aus der Nordsee abwandern und Fische aus wärmeren Gewässern ihren Platz einnehmen werden. In Großbritannien, dem Land von Fish and Chips, könnte das Lieblingsgericht der Nation bald zu John Dory and Chips werden.

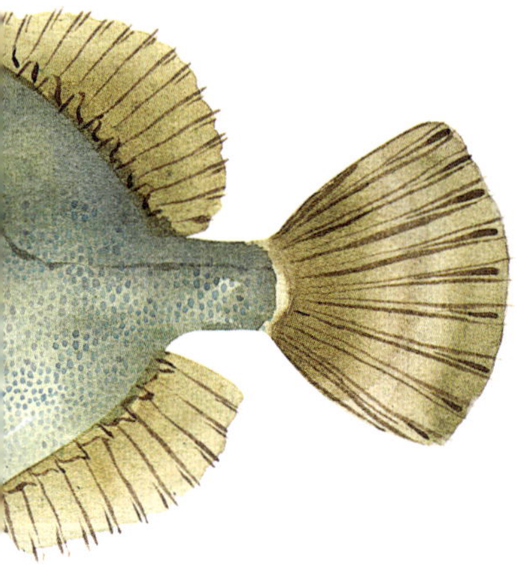

ATLANTIK

Pfeilschwanzkrebs

Limulus polyphemus

Lange bevor Dinosaurier die Erde bevölkerten, krochen Tiere, die wie Stachelhelme mit langen Schwänzen aussahen, über den Meeresboden. Pfeilschwanzkrebse sind eigentlich keine Krebse, sondern mit Spinnen, Skorpionen und ausgestorbenen Seeskorpionen verwandt. Nachdem ihre Vorfahren mindestens 480 Millionen Jahre lang die Meere durchstreiften, finden sich viele heutige Pfeilschwanzkrebse zu kurzen Besuchen in der menschlichen Welt ein. Jedes Jahr werden mehr als eine halbe Million Tiere aus dem Wasser gezogen, in Labors aufgereiht, und ihnen wird ihr hellblaues Blut abgezapft. Nachdem etwa ein Drittel ihres Blutes abgeflossen ist, werden die Krebse wieder in die Wildnis entlassen.

Die meisten Menschen hatten heute schon einmal eine potenziell lebensrettende Begegnung mit dem Blut eines Pfeilschwanzkrebses. Das Blau kommt vom Hämocyanin, dem Äquivalent des roten Hämoglobins im menschlichen Blut. Noch wichtiger ist, dass das Blut des Pfeilschwanzkrebses leistungsfähige Immunzellen, sogenannte Amöbozyten, enthält, die sehr empfindlich auf von Bakterien produzierte Toxine reagieren. Extrakte aus Pfeilschwanzkrebsblut werden verwendet, um die Sicherheit neuer Medikamente, chirurgischer Geräte und medizinischer Implantate zu testen. Wegen der Entwicklung von Impfstoffen gegen Coronaviren ist die Nachfrage nach diesen Tests auf bakterielle Toxine in letzter Zeit gestiegen.

In der Vergangenheit gingen die Wissenschaftler davon aus, dass die meisten Pfeilschwanzkrebse ihre Tortur in den Blutungslabors überlebten, aber tatsächlich haben Studien gezeigt, dass bis zu ein Drittel der Tiere nach der Freilassung stirbt. Die Weibchen hören oftmals auf zu laichen. Seit etwa 2010 gibt es eine synthetische Alternative zu ihrem Blut, aber die Aufsichtsbehörden zögern, und die Pharmaunternehmen nehmen das neue Produkt nur langsam an.

Die Pfeilschwanzkrebse sind auch noch anderen Bedrohungen ausgesetzt. Asiatische dreistachelige Pfeilschwanzkrebse, eine der vier lebenden Arten, verlieren ihre Laichgründe aufgrund von Küstenentwicklungen, Verschmutzung und steigendem Meeresspiegel. Die amerikanische Art wird stark befischt, um als Köder für die Aal- und Wellhornschneckenfischerei zu dienen. Ihr Verlust ist eine schlechte Nachricht für andere Tiere. Im Frühsommer krabbeln Tausende von Pfeilschwanzkrebsen die Ufer der Delaware Bay an der Ostküste der Vereinigten Staaten hinauf. Die Männchen klammern sich an die Weibchen, während diese ihre Eier in den Sand legen. Die Eier sind eine wichtige Nahrung für Zugvögel, wie die Knuttstrandläufer, die auf ihrer Reise von der Spitze Südamerikas bis zur kanadischen Arktis einen Zwischenstopp einlegen. Ohne den Kaviar der Pfeilschwanzkrebse würden die Vögel den Weg nicht schaffen.

ATLANTIK

Grindwal

Globicephala spp.

Viele Menschen bekommen Grindwale in großer Zahl zu sehen, sowohl Lang- als auch Kurzflossen-Grindwale, mehr als jede andere Walart. Leider liegt das daran, dass diese Meeressäuger in ganzen Scharen an unseren Küsten stranden. Nicht selten sieht man in den Nachrichten Bilder von glitschigen schwarzen Körpern, die aufgereiht am Strand liegen, während Helferteams verzweifelt versuchen, sie zu retten und sicher zurück ins Meer zu bringen. Ihre Bemühungen sind nicht immer von Erfolg gekrönt. Im Jahr 2020 starben fast 400 Langflossen-Grindwale, nachdem sie in Tasmanien gestrandet waren – eine der schlimmsten Strandungen, die Australien je erlebt hat.

Es ist nach wie vor ein Rätsel, warum diese wendigen, erfahrenen Schwimmer und Unterwassernavigatoren so häufig im flachen Wasser festsitzen. Man vermutet, dass ihre starken sozialen Bindungen zumindest teilweise dafür verantwortlich sind. Grindwale leben in engen, matriarchalischen Gruppen, die in der Regel zwischen 10 und 30 Tiere umfassen und von einem älteren Weibchen angeführt werden. Wenn ein Mitglied der Gruppe in Schwierigkeiten gerät, folgen ihm die anderen. Im Jahr 2015 hatte ein Grindwalweibchen vor der Isle of Skye in Schottland Probleme bei der Geburt und kam in großer Not an die Küste. Der Rest der Gruppe folgte ihr an den Strand.

Es gibt auch bekannte schwarze Flecken, an denen Wale gestrandet sind, wie Farewell Spit in der Golden Bay in Neuseeland. Irgendetwas an der Geografie und Hydrologie bildet eine Walfalle, möglicherweise weil die Flut weite Bereiche des flachen Meeres mit einem abfallenden sandigen Meeresboden zurücklässt, der das Echolot-System der Wale verwirrt.

Seit Jahrhunderten wissen die Menschen um das natürliche Strandungsverhalten der Grindwale und nutzen es zu ihrem Vorteil bei der Waljagd. Zur Zeit der Wikinger jagten die Menschen auf den Färöer-Inseln Grindwale, und tun es auch heute noch. Wenn eine Gruppe von Grindwalen in Küstennähe gesichtet wird, fährt eine Flottille von Booten hinaus und treibt die Wale zum Strand. Die Wale werden dann von Hand im seichten Wasser geschlachtet und färben das Meer rot. Die Jäger behaupten, dass es sich dabei um eine Tradition handelt, die den Menschen auf der Insel, die nur wenig Land für Ackerbau oder Viehzucht hat, wichtige und nachhaltige Nahrung liefert, aber Tierschützer bezeichnen die Jagd als grausam und unnötig. Auch die Jagd auf Grindwale in Japan wird verurteilt.

Gestrandete und geschlachtete Grindwale offenbaren eine beunruhigende Wahrheit über den Zustand der Ozeane. Grindwale können bis zu 60 Jahre alt werden und akkumulieren Giftstoffe aus ihrer Nahrung, darunter Quecksilber,

Kadmium und andere Schadstoffe aus dem Meer. Wissenschaftler haben herausgefunden, dass die Schadstoffkonzentration im Gehirn gestrandeter Grindwale mit ihrem Alter zunimmt. Daher haben die Chefärzte der Färöer 2008 beschlossen, dass Grindwalfleisch nicht mehr für den menschlichen Verzehr geeignet ist.

ATLANTIK (UND WELTWEIT)

Kegelschnecke

Conidae

Anschauen, aber nicht anfassen. So lautet der Merksatz, wenn man das Meer erforscht, und dafür gibt es viele gute Gründe, darunter die schönen, aber manchmal auch tödlichen Kegelschnecken. Rund 700 Arten leben in flachen tropischen Meeren. Sie reichen von fingernagelgroßen Miniaturen bis hin zu solchen in der Größe einer Eiswaffel, aber nicht zum Ablecken, denn jede Art produziert einen charakteristischen Giftcocktail, sogenannte Conotoxine, die die Schnecken in ihren hohlen Zähnen speichern und abgeben. Nicht viele Kegelschnecken können großen Schaden anrichten, aber einige wenige Arten sind für den Menschen tödlich. Der Landkartenkegel (*Conus geographus*) verursacht ein betäubendes Kitzeln, gefolgt von einer raschen Lähmung des Zwerchfells und schließlich dem Ersticken. Und es gibt kein Gegengift; dafür sind die Conotoxine viel zu komplex. Die Kegelschnecken verfügen über ein Arsenal von Zehntausenden einzigartiger Chemikalien.

Lange bevor die Menschen die chemische Vielfalt der Schnecken entdeckten, waren sie von den kunstvollen Mustern ihrer Schalen fasziniert. Überreste prähistorischer Artefakte weisen darauf hin, dass Menschen seit Jahrtausenden Kegelschneckenhäuser gesammelt und getragen haben. In jüngerer Zeit wurden die ursprünglich auf Hawaii hergestellten Puka-Muschelketten, die aus marin erodierten Kegelschneckenfragmenten bestehen, zu einem Symbol der Surfer-Gegenkultur der 1960er Jahre, die bald zum Mainstream wurde.

Kegelschnecken sind bei Muschelsammlern wegen ihrer komplizierten Muster, die Punkte, Flecken, Streifen, Dreiecke und Zickzacklinien umfassen, sehr beliebt. Hinter all diesen Mustern verbirgt sich ein ungelöstes Rätsel. Warum haben diese Schnecken so dekorative Schalen, wenn sie doch im Sand versteckt leben und nur im Schutz der Dunkelheit zur Jagd auftauchen? Bislang weiß das niemand so genau. Eine Möglichkeit ist, dass es sich bei den Mustern um Markierungen handelt, die den Schnecken bei der Herstellung ihrer Schalen helfen. Schnecken dehnen ihre Schalen während des Wachstums kontinuierlich aus und fügen dem offenen Ende stets mehr Schalenmaterial (Kalziumkarbonat) hinzu. Die Muster könnten ihnen dabei helfen, sie richtig auszurichten und ein schiefes Gehäuse zu vermeiden.

Wir wissen, warum und inwieweit diese Schnecken so gefährlich sind. Die meisten Kegelschnecken sind Wurmfresser, d. h. sie fressen Würmer. Die gefährlicheren Arten jagen bemerkenswerterweise auch Fische. Ihre ausgeklügelte chemische Bewaffnung ermöglicht es diesen langsamen Kriechern, Beute zu fangen, die sonst schnell zappeln oder wegschwimmen würde. Jüngste Studien haben gezeigt, dass einige Conotoxine das Hormon Insulin nachahmen, sodass Fische durch einen plötzlichen Abfall des Blutzuckers ohnmächtig werden. Andere ahmen

Pheromone nach, die Würmer zu einer wilden Massenorgie verleiten, sie mit dem Versprechen auf Sex ablenken und zur leichten Beute werden lassen.

So wie die Kegelschnecken die natürlichen Moleküle ihrer Beute kopieren, so kopiert der Mensch die Conotoxine. Ein Schmerzmittel, das auf einem Conotoxin des Zauberkegels (*Conus magus*) basiert, blockiert chronische Schmerzsignale an das Gehirn. Zu den neuen, von Conotoxinen inspirierten Medikamenten, die sich in der Pipeline befinden, gehören Mittel gegen AIDS, COVID-19 und Malaria, sodass es wahrscheinlich ist, dass Kegelschnecken bald Leben retten werden, anstatt zu töten.

Schleimaal

Myxini

Wenn Sie schon einmal von Schleimaalen gehört haben, kennen Sie wahrscheinlich auch ihren Partytrick. Stecken Sie einen dieser aalähnlichen Fische in einen Eimer, rühren Sie ihn kurz um und schon haben Sie einen Eimer voller Schleim. Und das ist nicht irgendein Schleim, sondern ein bemerkenswertes Material, das die Wissenschaftler und Wissenschaftlerinnen, die herausfinden wollen, wie der Schleimaal das macht, noch stets fasziniert.

Zum einen kann der Schleimaal einen Eimer innerhalb von Sekundenbruchteilen füllen, wenn er nur einen Teelöffel des Materials über Hunderte von Schleimdrüsen abgibt, die über seinen Körper verteilt sind. Diese produzieren eine Mischung aus Schleim und Proteinfäden, die hundertmal dünner sind als ein menschliches Haar. In spezialisierten Zellen wickeln sich die Fäden zu geordneten Strukturen auf, die wie Tannenzapfen aussehen. Wenn sie freigesetzt werden, spulen sich die Fäden schnell ab und dehnen sich auf das 10.000-Fache ihres Volumens aus. Die dehnbaren Fasern sind zehnmal stärker als Nylon. Materialwissenschaftler nutzen den Schleim des Schleimaals, um Bungeeseile und Schutzgewebe zu entwickeln, und die US-Marine ist an der Herstellung von künstlichem Schleim des Schleimaals interessiert, um feindliche Schiffe zum Stillstand zu bringen, indem man sie vorübergehend in einem undurchdringlichen Meer aus Schleim einschließt.

Schleimaale haben ihren außergewöhnlichen Schleim zu ihrer Verteidigung entwickelt. In der Tiefsee gedrehte Filmaufnahmen zeigen, wie ein Hai einen Schleimaal angreift und ihn schnell wieder ausspuckt, sobald er verschleimt wird. Der Schleim verstopft die Kiemen der Räuber. Schleimaale beugen durch einen einfachen Trick dem Ersticken am eigenen Schleim vor: Sie binden ihren Körper zu Knoten zusammen. Da sie keine Wirbelsäule haben, sind sie äußerst biegsam und können sich in einen Überhandknoten winden, den sie dann an ihrem Körper entlanggleiten lassen und sich so vom Schleim befreien. Das tun sie auch, wenn sie fressen, um sich an einem Kadaver festhalten zu können. Schleimaale sind Aasfresser. Sie säubern den Meeresboden von gesunkenen Tierkörpern – von Fischen bis hin zu riesigen Walen. Da sie keine Kiefer haben, können sie nicht zubeißen, aber sie raspeln mit rauen Platten auf beiden Maulseiten die Haut ab. Schleimaale dringen durch jedes mögliche Loch in einen Kadaver ein, bleiben dann einfach darin liegen und nehmen über ihre Haut Nährstoffe auf.

Schleimaale werden auf der ganzen Welt gefangen und nach Korea verschifft, wo eine große Nachfrage nach Leder aus ihrer grau-rosa, schuppenlosen Haut besteht. Menschen essen sie und haben früher den Schleim manchmal als Kochzutat verwendet, als Alternative zum Eiweiß. Der Schleimaal wurde in den Meeren um Korea abgefischt, sodass er jetzt aus weiter entfernten Gewässern importiert wird. Vor Australien, Brasilien und Japan sind Schleimaale vom Aussterben

bedroht. Sie mögen zwar unappetitliche Gewohnheiten haben, aber sie spielen eine wichtige Rolle in den Meeren, indem sie Aas wegräumen und dazu beitragen, dass der Meeresboden artenreich bleibt und andere Fische gut gedeihen.

Eine weitere Gruppe kieferloser Fische sind die Neunaugen (*Petromyzontiformes*), etwa 38 parasitische Arten, die das Blut anderer Fische saugen. Neunaugen werden schon seit Langem von Menschen verspeist. Es ist nicht klar, ob König Heinrich I. wirklich an einem „Übermaß an Neunaugen" verstarb, wie es in der Legende heißt, aber diese Fische sind seit Jahrhunderten in den Küchen vieler Länder zu finden, insbesondere in Europa. Seit dem Mittelalter ist es in der englischen Stadt Gloucester Tradition, dass die dortigen Köche jedes Jahr eine Neunaugenpastete an den regierenden Monarchen schicken.

Schleimaale und Neunaugen können ihre Vorfahren in direkter Linie weiter zurückverfolgen als jeder andere lebende Fisch, obwohl umstritten ist, welcher von ihnen sich zuerst entwickelte. Trotz ihrer urzeitlichen Anfänge können Neunaugen den Wissenschaftlern heute eine Menge beibringen. Wenn das Rückenmark eines Neunauges vollständig durchtrennt wird, erholt sich der Fisch spontan und schwimmt drei Monate später wieder herum, als wäre nichts geschehen. Neunaugen können sogar genesen, wenn ihr Rückenmark ein zweites Mal an derselben Stelle durchtrennt wird. Studien über die Art und Weise, wie Neunaugen ihre durchtrennten Nerven regenerieren, ebnen den Weg für die Behandlung von Menschen mit Rückenmarksverletzungen.

ATLANTIK (UND WELTWEIT)

Pottwal

Physeter macrocephalus

Selbst wenn man nur einen Blick auf den Kopf über den Wellen wirft, sind Pottwale leicht zu erkennen. Ihre Nasen sind riesig und eckig, ihr Atem ist schief und der Blas schießt nach links ab. Sie atmen durch ein Nasenloch. Das andere ist verschlossen, und seine inneren Röhren sind an der Tonerzeugung des Wals beteiligt. Wie riesige schwimmende Fledermäuse jagen Pottwale in der dunklen Tiefsee und suchen mithilfe der Echoortung nach Beute. Sie schnauben Luft durch ihre Nasenlöcher, vorbei an vibrierenden Klappen, die Affenlippen genannt werden, und senden Salven von Klicklauten durch das Wasser. Dann lauschen sie genau auf die Echos, um den nächsten Tintenfisch zu orten.

Pottwale gehören zu den Arten des Ozeans, die der Mensch gut kennt, da er Millionen von ihnen gejagt, geschlachtet und verarbeitet hat. Jahrhundertelang haben europäische und amerikanische Walfänger Pottwale gejagt, um verschiedener wertvoller Körperteile habhaft zu werden. Die wichtigste Ware war die goldene Flüssigkeit, die sich in den Nasen der Wale befand. Sie wurde Spermaceti genannt, weil die Menschen sie fälschlicherweise für Sperma hielten (heute geht man davon aus, dass Spermaceti die Schallstrahlen der Wale bei der Jagd bündelt). Walfänger schöpften Hunderte von Litern Pottwalöl aus der riesigen Nase jedes Pottwals. Es wurde als feines Öl, das klar und hell brennt, sehr geschätzt. Im 19. Jahrhundert beleuchtete Pottwalöl die Straßen in Europa und Amerika, und es wurde in den leistungsstarken Lampen der Leuchttürme verbrannt.

Die Walfänger suchten auch im Inneren der Pottwale nach einem anderen wertvollen Produkt. Das Ambra des Pottwals ist das Äquivalent zur Perle in der Auster. Die Wale scheiden eine wachsartige Substanz aus, die ihr Inneres vor den harten Tintenfischschnäbeln schützt. Normalerweise werden sie diese glitschige Masse schnell mit ihren Ausscheidungen los, aber ein kleiner Teil der Pottwale hat natürlicherweise eine Verengung im Darm, und die erstarrten Schnäbel sammeln sich zu einer großen, festen Masse an. Ambra ist nach wie vor eine teure Zutat für die Parfümindustrie. In vielen Ländern ist der Besitz und der Handel mit Ambra illegal, aber gelegentlich werden millionenschwere Klumpen an den Stränden angespült.

Wenn das Verdauungssystem eines Pottwals normal funktioniert, leistet er dem Planeten einen stillen Dienst. Während der Jagd in der Tiefe schalten sich die meisten Körperfunktionen ab, um Sauerstoff für Muskeln und Gehirn zu sparen. Zurück an der Oberfläche atmet der Wal und setzt eisenhaltige Exkremente frei, die als perfekter Dünger wirken und das Blühen des Planktons auslösen, der winzigen Algen, die den Kohlenstoff aus der Atmosphäre binden. Vor dem kommerziellen Walfang schwammen genug Pottwale im Meer um die Antarktis, um jedes Jahr zwei Millionen Tonnen Kohlenstoff aus der Atmosphäre zu entfernen.

Die Menschen haben auch für ein anderes Körperteil der Pottwale eine Verwendung gefunden. Um sich die Zeit auf jahrelangen Walfangreisen zu vertreiben, übten sich die Seeleute in der Kunst des Scrimshaw, bei der sie mit Nadeln Bilder in Walknochen und Pottwalzähne ritzten. Noch heute bringen die Männer auf den Fidschi-Inseln, wenn sie die Eltern ihrer Geliebten um Erlaubnis zur Heirat bitten, traditionell Pottwalzähne auf geflochtenen Schnüren mit. Einige Familien halten für solche Anlässe einen Vorrat an ererbten Zähnen – *tabua* genannt – bereit. Die Fidschianer haben nie Wale gejagt, aber sie sammelten Zähne von gestrandeten Tieren und tauschten sie in der Vergangenheit mit der Nachbarinsel Tonga. Heute ist der internationale Handel mit Körperteilen von Pottwalen verboten. Das begrenzte Angebot an echten Zähnen (es gibt auch Fälschungen auf dem Markt) kann bis zu 1000 Dollar pro Stück kosten, und junge Männer sparen oft jahrelang, um genügend *tabua* zu kaufen, bevor sie sich verloben können.

Als die kommerzielle Jagd im Nordpazifik begann, waren Pottwale nicht allzu schwer zu fangen. Sie versuchten oft, sich zu verteidigen, indem sie sich an der Oberfläche zusammenrotteten. Dies war eine wirksame Strategie gegen ihre einzigen anderen natürlichen Feinde – die Orcas –, machte sie aber anfälliger für den Menschen. Aus alten Logbüchern der Walfangschiffe geht jedoch hervor, dass die Erfolgsquote der Walfänger innerhalb von zwei Jahren um 58 Prozent sank. Wissenschaftler vermuten, dass die Pottwale lernten, gegen den Wind zu fliehen und sogar Walfangschiffe anzugreifen. Außerdem brachten sich die Wale wahrscheinlich gegenseitig bei, wie sie sich schützen konnten. Pottwale leben in sehr sozialen, matrilinearen Familien. Es ist möglich, dass Familien mit Erfahrung mit Walfängern den unbefangeneren Walen zeigten, wie sie sich bei einem Angriff verhalten sollten.

Obwohl die Pottwale die Tricks der amerikanischen Walfänger nach und nach durchschauten, wurden immer noch sehr viele von ihnen getötet, und die Jagd wurde mit der Einführung von Schiffen mit Dieselantrieb und explosiven Harpunen noch intensiver. Allein im 20. Jahrhundert töteten Walfänger mehr als 760.000 Pottwale. Man geht davon aus, dass heute noch etwa 360.000 Exemplare leben.

ATLANTIK (UND WELTWEIT)

Laternenfisch

Myctophidae

Die am häufigsten vorkommenden und wohl auch wichtigsten Fische im Meer sind diejenigen, die nur wenige Menschen jemals zu Gesicht bekommen. Laternenfische verbringen ihre Tage versteckt in den schattigen Gewässern der Dämmerungszone, Hunderte von Metern unter Wasser. Es gibt etwa 250 Arten dieser silbrigen, daumengroßen Fische, die ein wenig wie Sardinen aussehen, mit großen Augen, stumpfem Maul und leuchtenden blauen Lichtpunkten, die über ihren Körper blitzen. Eine weltweite Zählung dieser überreichlich vorhandenen Fische wäre praktisch unmöglich, aber Schätzungen gehen davon aus, dass es heute Hunderte, möglicherweise Tausende von Billionen von ihnen gibt. Das macht sie nicht nur zu den am stärksten vertretenen Fischen, sondern bedeutet auch, dass es mehr von ihnen gibt als von jedem anderen Wirbeltier auf der Erde (man vergleiche das zum Beispiel mit etwa 24 Milliarden Haushühnern).

Die Familie der Laternenfische ist seit dem 19. Jahrhundert bekannt, aber erst in den 1950er Jahren begann man sich zu fragen, wie viele es wohl sein mögen. Wissenschaftler und Marineoffiziere setzten neu entwickelte Sonargeräte ein, um die Tiefe des Ozeans zu messen und Tiere oder U-Boote weit unten im Meer aufzuspüren. Sie waren verblüfft, als ihre Sonaraufzeichnungen etwas zeigten, das wie ein fester Meeresboden aussah, der sich nachts in Richtung Oberfläche bewegte, um dann im Morgengrauen wieder in größere Tiefen abzusinken. Er ging auf und ab, wie ein Uhrwerk. Es stellte sich heraus, dass die Sonarstrahlen an den reflektierenden Schwimmblasen von Billionen von Laternenfischen abprallten. Sie schwärmen in riesigen, dichten Schichten über Hunderte von Quadratkilometern verteilt. Nachts kommen sie an die Oberfläche, um sich im Schutz der Dunkelheit von Plankton zu ernähren. Sobald die Sonne aufgeht, gehen sie zurück in die Tiefe. Es ist die größte Tierwanderung auf unserem Planeten, und sie findet jeden Tag statt, überall auf der Welt.

Wie viele andere Tiere, die in den offenen Gewässern der Tiefsee leben, nutzen auch Laternenfische ihre leuchtenden Lichter, um sich zu verstecken, wenn sie sonst nirgendwo Schutz finden. Das blaue Licht, das sie rund um ihre Bäuche erzeugen, soll verhindern, dass sie von unten als dunkle Silhouette zu sehen sind. Unter ihnen schwimmende Räuber könnten den fischförmigen Schatten sonst leicht erkennen und sich auf die Beute stürzen. Laternenfische haben zusätzliche Lichtreihen an ihren Seiten. Diese dienen wahrscheinlich der Kommunikation, vielleicht auch dazu, dass die Fische ihre Bewegungen in den riesigen Schwärmen koordinieren, um nicht aneinanderzustoßen. Das Lichtmuster unterscheidet sich auch zwischen den einzelnen Arten, was darauf hindeutet, dass es eine Rolle bei der Identifizierung der Laternenfische untereinander spielt, vielleicht sogar bei einer funkelnden Balz.

Diese produktiven Fische sind für das Ökosystem des Ozeans von entscheidender Bedeutung, unter anderem, weil sie von vielen Tieren gefressen werden, etwa von Thunfischen, Haien, Kraken, Tintenfischen, Robben, Pinguinen, Seevögeln, Delfinen und Walen. Außerdem sind ihre täglichen Wanderungen wichtig für das Klima. Laternenfische tragen dazu bei, die Erde kühl zu halten. Sie ernähren sich nachts an der Oberfläche und verzehren enorme Mengen an organischem Material in Form von Plankton, das sie dann jede Nacht aktiv in die Tiefsee hinabziehen. Auf diese Weise bringen Laternenfische – und wandernde Tiere wie Staatsquallen und andere Quallen – jedes Jahr Millionen von Tonnen Kohlenstoff in die Tiefe und geben ihn mit ihren Ausscheidungen und beim Ausatmen wieder ab. Wenn der gelöste Kohlenstoff auf diese Weise in die Tiefsee gelangt, wird er für Jahrtausende von der Atmosphäre ferngehalten.

Bislang bleibt die enorme Biomasse der Laternenfische im Ozean weitgehend unberührt, aber manche Menschen finden sie zu verlockend, um sie in Ruhe zu lassen. Mehrere experimentelle Unternehmen versuchen herauszufinden, ob es möglich ist, mit dem Fang von Laternenfischen Geld zu verdienen. Sie sind voller Gräten und zu ölig für den menschlichen Verzehr, könnten aber zu Fischmehl und Fischöl verarbeitet werden, um damit Lachse in Fischfarmen zu füttern. Eine Ausweitung des Laternenfischfangs würde das Gleichgewicht des Ozeans stören und den Klimawandel weiter verstärken.

ATLANTIK

Dornhai

Squalus acanthias

Viele Menschen haben schon Haifisch gegessen, ohne es zu wissen. Auf der Speisekarte steht zwar kein Dornhai, aber Felsenlachs ist seit Jahrzehnten ein Grundnahrungsmittel in britischen Fish-and-Chips-Läden. Die Umbenennung war Teil eines Rebrandings, mit dem mehr Menschen davon überzeugt werden sollten, die Haie zu essen, die von den industriellen Schleppnetzfischern in großen Mengen gefangen wurden. Weltweit wurden verschiedene andere Haiarten unter anderslautenden, nicht haifischartigen Namen vermarktet, darunter *flake* in Australien, Weißfisch und Steakfisch in den Vereinigten Staaten, *saumonette* in Frankreich und *vitello di mare*, „Kalbfleisch aus dem Meer", in Italien. In Deutschland kennt man die geräucherten Bauchlappen als „Schillerlocken".

Die Fischerei auf Dornhai ist im Atlantik so intensiv, dass der Bestand seit 1905 um mehr als 95 Prozent zurückgegangen ist und die Art als vom Aussterben bedroht gilt. Dies ist zum Teil darauf zurückzuführen, dass männliche Dornhaie 10 Jahre und weibliche 20 Jahre brauchen, um geschlechtsreif zu werden, was für einen Fisch ausgesprochen alt ist. Und wenn die Weibchen endlich alt genug sind, um mit der Fortpflanzung zu beginnen, sind sie zwei Jahre schwanger – genauso lange wie ein Elefant –, bevor sie nur etwa sechs oder sieben Junge zur Welt bringen. Das bedeutet, dass die Art nicht gut für eine starke Befischung geeignet ist und es lange dauert, bis sich die Populationen erholen.

Weltweit gibt es mehr als 100 Arten aus der Familie der Dornhaie (Squalidae). Zudem gibt es rund 150 Arten von Katzenhaien (Scyliorhinidae), die mit ihren länglichen, katzenartigen Augen durch die Meere schwimmen, obwohl einige von ihnen verwirrenderweise als Dornhaie bezeichnet werden. Die beiden Gruppen lassen sich jedoch leicht durch die Art ihrer Fortpflanzung unterscheiden. Dornhaie bringen lebende Junge zur Welt, während Katzenhaie Eier legen.

MITTELMEER / ATLANTIK

Gefleckter Zitterrochen

Torpedo torpedo

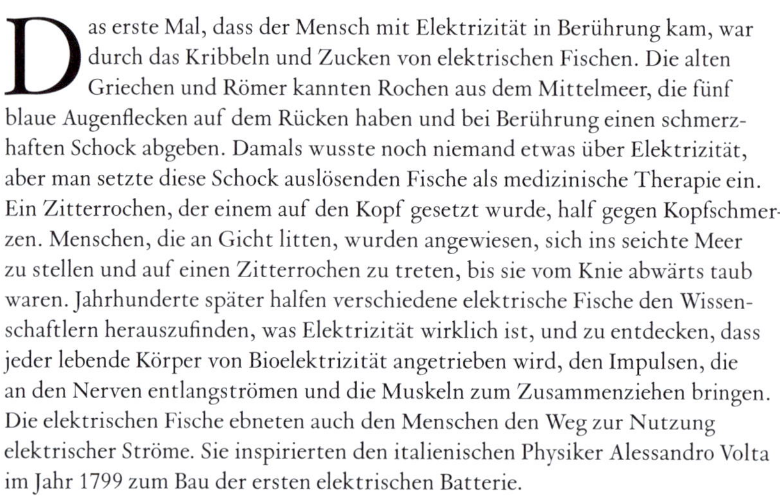

Das erste Mal, dass der Mensch mit Elektrizität in Berührung kam, war durch das Kribbeln und Zucken von elektrischen Fischen. Die alten Griechen und Römer kannten Rochen aus dem Mittelmeer, die fünf blaue Augenflecken auf dem Rücken haben und bei Berührung einen schmerzhaften Schock abgeben. Damals wusste noch niemand etwas über Elektrizität, aber man setzte diese Schock auslösenden Fische als medizinische Therapie ein. Ein Zitterrochen, der einem auf den Kopf gesetzt wurde, half gegen Kopfschmerzen. Menschen, die an Gicht litten, wurden angewiesen, sich ins seichte Meer zu stellen und auf einen Zitterrochen zu treten, bis sie vom Knie abwärts taub waren. Jahrhunderte später halfen verschiedene elektrische Fische den Wissenschaftlern herauszufinden, was Elektrizität wirklich ist, und zu entdecken, dass jeder lebende Körper von Bioelektrizität angetrieben wird, den Impulsen, die an den Nerven entlangströmen und die Muskeln zum Zusammenziehen bringen. Die elektrischen Fische ebneten auch den Menschen den Weg zur Nutzung elektrischer Ströme. Sie inspirierten den italienischen Physiker Alessandro Volta im Jahr 1799 zum Bau der ersten elektrischen Batterie.

Zitterrochen jagen nachts. Sie verstecken sich am Meeresboden und betäuben ihre Beute mit einem 220-Volt-Elektroschock, erzeugt von zwei nierenförmigen Organen auf beiden Seiten ihres Körpers, die sich aus modifizierten Muskeln in ihren Kiemen entwickelten. Diese Organe sind voller Zellen, den sogenannten Elektrozyten, die ihre Fähigkeit zur Kontraktion verloren haben und stattdessen geladene Ionen durch die Zellmembranen drücken. Dadurch wird wie bei einer Batterie eine elektrische Ladung gespeichert, die dann auf einmal freigesetzt werden kann.

Neben den Torpedos gibt es Dutzende von Zitterrochenartigen, darunter Narcinidae, Schläferrochen (Narkinae) und Birnen-Zitterrochen (Hypnidae). Es gibt auch Elektrische Knochenfische wie den Nördlichen Elektrischen Sterngucker (*Astroscopus guttatus*), der an der Atlantikküste der Vereinigten Staaten von North Carolina bis New York lebt und zwischen seinen nach oben gerichteten Augen schwache Stromstöße erzeugt. In Süßgewässern leben Zitterwelse, Elektrische Elefantenrüsselfische und viele verschiedene Messerfische, darunter die berüchtigten Zitteraale, die in Wirklichkeit keine Aale sind (Malapteruridae, Mormyridae und *Electrophorus electricus*). Insgesamt hat sich die Fähigkeit, eine elektrische Ladung abzugeben, bei mindestens sechs verschiedenen, entfernt verwandten Fischen entwickelt, die alle die Gesundheits- und Sicherheitswarnung ignorieren, Strom und Wasser nicht zu vermischen.

MITTELMEER

Edle Steckmuschel

Pinna nobilis

Seit Tausenden von Jahren erzählen sich die Menschen Geschichten über einen feinen Stoff namens Seide. Im alten Ägypten wurden Könige mumifiziert und in Seidenumhänge gehüllt begraben. Römische Kaiser trugen mit Seide besetzte Gewänder. Manche behaupten, dass der griechische Held Jason und seine Argonauten auf der Suche nach dem Goldenen Vlies tatsächlich nach einem Gegenstand aus Seide suchten. Chinesische Händler aus dem 3. Jahrhundert behaupteten, dass die Seide von Wasserschafen stamme, die aus dem Meer kletterten, sich an Felsen rieben und goldene Büschel hinterließen, die die Menschen sammelten und zu Fäden versponnen. Es überrascht nicht, dass sich viele dieser Geschichten als unwahr herausstellten, was zum Teil auf einen historischen Rechtschreibfehler zurückzuführen ist. Es kamen jedoch glaubhaftere Geschichten über einen echten Stoff auf, der als Seide bezeichnet wurde. Er wurde aus den goldenen Bärten riesiger Muscheln hergestellt – so viel ist zumindest wahr.

Die Edle Steckmuschel ist die größte Art ihrer Familie, die auch als Fächermuschel bekannt ist. Ihr Gehäuse kann bis zu einem Meter hoch aus Algenwiesen ragen, wobei das spitze Ende in den Meeresboden gesteckt und mit einem Netz aus klebrigen Fäden verankert ist. Andere Muscheln bilden ähnliche Fadenknäuel; dies ist der Bart, den Köche von der Gemeinen Miesmuschel (*Mytilus edulis*) abziehen, wenn sie eine Schüssel mit *moules marinière* zubereiten. Steckmuscheln stellen diese Fäden her, indem sie ein flüssiges Protein entlang einer Rille in ihrem Muskelfuß absondern und einen Moment warten, bis es fest wird. Ein Vollbart enthält etwa 1000 Fäden, von denen jeder einzelne bis zu 20 Zentimeter lang ist. Diese können tatsächlich extrahiert und zu Fäden gesponnen werden, die dann zu einem wolligen Stoff gewebt werden, der als Muschelseide oder Meerseide bekannt ist.

Das älteste nachgewiesene Stück Muschelseide, das in Budapest gefunden wurde, stammt aus dem 4. Jahrhundert (die Fäden lassen sich unter dem Mikroskop erkennen, da sie im Querschnitt eiförmig sind). In Paris wurde eine eng anliegende Seidenkappe aus dem 14. Jahrhundert gefunden. Viele weitere Gegenstände aus Seide, darunter Handschuhe und Schals, stammen aus dem 18. und 19. Jahrhundert, als sie in ganz Europa in Kuriositätenkabinetten beliebt waren. Im Jahr 1804 schenkte Horatio Nelson seiner Geliebten Emma Hamilton ein Paar Muschelseidenhandschuhe aus Sardinien. Italien war traditionell das Zentrum der Muschelseidenweberei, und heute ist Sardinien der einzige Ort, an dem noch Muschelseide hergestellt wird. Die Praxis wird von einigen wenigen Frauen aufrechterhalten, die wissen, wie man die Bärte zu goldenen Fäden spinnt, die wie feine Wolle aussehen. Aber sie können nicht mehr auf Fischfang gehen, um weitere Bärte zu sammeln, da die Muschelgehäuse heute unter Naturschutz stehen. Sie müssen sich mit Sammlungen alter Bärte begnügen, die ihnen von ihren Großmüttern vererbt wurden.

Die Bartfäden der Muscheln sind auch als Byssus bekannt, daher die frühere Verwechslung mit Seide. Das Wort Byssus taucht in verschiedenen Schreibweisen in alten Sprachen auf, darunter Hebräisch, Griechisch und Latein. Je nach genauer Schreibweise könnte es sich auf die Fäden einer Steckmuschel beziehen, wie es Aristoteles in seinem Buch *Historia animalium* (Geschichte der Tiere) verwendete. (Das Wort stammt vom altgriechischen Wort für Tiefe ab und gab uns auch das Wort Abyssos, der Name für die Unterwelt in der biblischen Mythologie). Eine andere alte Schreibweise von Byssus bezieht sich auf alle feinen Stoffe aus Baumwolle, Seide oder Leinen, nicht speziell auf Seide. Aufgrund verschiedener Rechtschreibfehler und falscher Übersetzungen nehmen die Gelehrten meist an, dass alle alten Texte, in denen Byssus Erwähnung findet, sich auf Muschelseide beziehen – daher die populäre Assoziation dieses ozeanischen Fadens mit allem, vom Goldenen Vlies bis zu ägyptischen Mumien.

Echte Muschelseide war schon immer selten, aber die Muschelgehäuse sind noch seltener geworden, seit das Mittelmeer von einem lautlosen Killer heimgesucht wurde. Seit 2016 hat eine tödliche Krankheit die Muscheln in Spanien und Italien ausgerottet. Naturschützer beobachten die Situation mit Sorge und befürchten das Aussterben der Art.

MITTELMEER

Stachelauster

Spondylus spp.

Es ist schwierig, eine Stachelauster in freier Natur zu erkennen. Ihre Zacken regen den Bewuchs mit Algen und Schwämmen an, sodass sie auf Felsen- und Korallenriffen hervorragend getarnt sind. Wenn Sie eine leere Auster finden, werden Sie feststellen, dass die Schale unter all den lebenden Verzierungen tieforange, violett, blutrot oder reinweiß sein kann. Vielleicht sind es gerade diese Farben, die die Menschen seit Jahrtausenden anziehen.

In der Jungsteinzeit sammelten die Menschen Stachelaustern aus dem Ägäischen Meer, schnitzten daraus Schmuck und Ornamente und trieben damit Handel in ganz Europa. In der bulgarischen Stadt Varna wurde eine 6500 Jahre alte Nekropole gefunden, die Hunderte von Gräbern enthielt, darunter das des Anführers dieser alten Gemeinschaft, der mit einem Goldschmuckschatz bestattet worden war. Unter den Schmuckstücken befand sich ein aus einer einzigen Stachelauster geschnitzter Armreif um seinen Bizeps. Aus irgendeinem mysteriösen Grund war er absichtlich in zwei Teile zerbrochen und dann mit einer goldenen Zierplatte befestigt worden. Weitere antike Gegenstände aus Stachelauster-Muscheln aus dem Mittelmeerraum wurden in alten Gräbern in der Ukraine, auf dem Balkan, in Ungarn, Polen, Deutschland und Frankreich gefunden. Dazu gehören Perlen, Knöpfe, Anhänger und Gürtelschnallen. Die Muscheln wurden bis in die Kupferzeit hinein immer beliebter, bevor sie vor etwa 3000 Jahren aus den archäologischen Aufzeichnungen verschwanden.

Tausende von Kilometern entfernt entstand der Handel mit anderen Arten der Stachelauster. Archäologen haben die Muscheln sowie Bilder und Keramikrepliken von ihnen in den Zivilisationen der Azteken, Mayas und Inkas aufgespürt. Dort, wie auch in Europa, wurden die Muscheln zu Perlen und Schmuck verarbeitet. Ganze Stachelaustern wurden in Gräbern hinterlassen, wie die 200 riesigen Muscheln, die in einem Grab in Peru gefunden wurden, das von der Lambayeque-Kultur um 1000 n. Chr. errichtet wurde.

Stachelaustern sind eigentlich keine Austern, sondern eher mit Jakobsmuscheln verwandt. Seit dem Altertum werden sie verspeist, vielleicht auch bei schamanistischen Ritualen. Archäologen mutmaßen, dass Priester in alten Andenkulturen absichtlich kontaminierte Austern wegen ihrer psychotropen Wirkung aßen. Wenn Sie eine Auster während einer Roten Flut essen, wenn das Meer mit giftigem Plankton blüht, werden Sie wahrscheinlich eine paralytische Schalentiervergiftung bekommen, bei der Sie sich taub, schwindlig und manchmal so fühlen, als würden Sie fliegen.

MITTELMEER

Schwämme

Porifera

Lange bevor Kunststoffe erfunden wurden, sammelten die Menschen Schwämme aus dem Meer und nutzten sie für verschiedene Zwecke. Seit der Antike wurden Meeresschwämme zum Baden und zum Schrubben des Rückens verwendet. Römische Zenturionen stopften Schwämme als Polsterung in ihre Helme. Kunsthistoriker können anhand der Art des Schwamms, mit dem die Glasur aufgetragen wurde, das Alter eines Töpferstücks bestimmen. Im späten 19. Jahrhundert spielten Schwämme eine heimliche Rolle bei der Verhütung. Die Geburtenkontrolle war noch sehr umstritten, und Frauen benutzten mit antiseptischen Chemikalien getränkte Meeresschwämme als Verhütungsmittel.

Schwämme sehen zwar aus wie Pflanzen oder riesige Pilze, sind aber Tiere. Tatsächlich gehörten sie zu den ersten Tieren, die sich vor Hunderten von Millionen Jahren entwickelten (die Wissenschaftler sind sich immer noch uneins darüber, welches die ältesten Tiere sind). Heutige Schwämme verbringen ihr Leben damit, Wasser durch ihren porösen Körper zu filtern. Es gibt sie in allen Formen und Größen: riesige Fässer, die so groß sind, dass man sich darin zusammenrollen kann, hohe Kandelaber und Schornsteine, und einige sehen aus wie Regenbogenschleim, mit dem Korallenriffe überzogen sind. Zeitrafferkameras haben kürzlich gezeigt, dass Tiefseeschwämme in Zeitlupe niesen, was Wochen dauern kann.

Menschen sind nicht die Einzigen, die Schwämme benutzen. Delfine in Australien gehen mit Schwämmen auf der Schnauze auf die Jagd, vermutlich als Schutz, während sie den Meeresboden durchwühlen. Das ist ein neuer Trick, den Delfine sich gegenseitig beibringen, seltsamerweise aber nur die Weibchen.

Lange Zeit war Griechenland der Hotspot des Schwammtauchens. Ursprünglich hielten die Taucher den Atem an, hielten sich an schweren Steinen fest und sanken hinab in die Tiefe. Zu Beginn des 20. Jahrhunderts veränderten Taucheranzüge mit Schutzhelmen die Branche, und Taucher konnten tiefer tauchen und länger unten bleiben als je zuvor.

Auch in Florida wurde mit Schwämmen ein großes Geschäft gemacht. Auf dem Höhepunkt des Schwammfischens wurden jedes Jahr rund 200.000 Tonnen Schwämme aus den Florida Keys geholt. Die wertvollsten Schwämme sind die Woll- und Samtschwämme, die keine scharfen Siliziumdioxidkügelchen enthalten, wie viele andere Schwämme, sondern hauptsächlich aus elastischen Fasern, dem Spongin, bestehen.

Doch der Schwammindustrie in Florida sollte Ungemach drohen. Als die Schwammbänke erschöpft waren, wagten sich Taucher immer weiter von der Küste entfernt in tiefere Gewässer, um mehr Schwämme zu finden. Im Jahr 1938 wurde die Karibik von einer tödlichen Krankheit heimgesucht, die die Schwämme ausrottete. Die Industrie brach zusammen, und die Schwammfischer blieben

mittellos zurück. Die Fischerei selbst könnte ihren eigenen Untergang beschleunigt haben. Die Fischer glaubten fälschlicherweise, dass durch das Auspressen des lebenden Teils des Schwamms, des sogenannten Schleims, Samen ins Meer gelängen, aus denen weitere Schwämme wachsen würden. Wahrscheinlicher ist jedoch, dass diese Praxis dazu beitrug, infektiöse Mikroben zu verbreiten, die die Schwämme aus dem Meer aufgenommen hatten. Sie werden nicht umsonst Schwämme genannt: Tropische Schwämme können innerhalb von 24 Stunden das 200.000-Fache ihres eigenen Volumens filtern und dabei 90 Prozent der vorhandenen Bakterien herausfiltern. Als die Schwammpopulationen rund um Florida überfischt wurden, konnten sie ihre ökologische Aufgabe, große Mengen von Bakterien aus dem Meer zu filtern, nicht mehr erfüllen. Und es gibt Hinweise darauf, dass Bakterien, sind sie im Überfluss vorhanden, mit großer Wahrscheinlichkeit von relativ harmlos zu geradezu virulent mutieren.

Heute hat sich das Interesse an Schwämmen von ihren physikalischen Verwendungsmöglichkeiten auf ihr chemisches Potenzial verlagert. Wissenschaftler entdecken in ihnen massenhaft potente Verbindungen. Es gibt bereits zahlreiche Arzneimittel, die von aus Schwämmen gewonnenen Chemikalien inspiriert wurden, darunter das Leukämiemedikament Cytarabin und das Chemotherapeutikum Eribulin gegen Brustkrebs. Malariabehandlungen, neue Antibiotika, die Superbugs abtöten können, und viele andere Medikamente sind in Vorbereitung. Die Suche nach potenziell nützlichen Chemikalien in den Meeren ist viel schneller und umweltfreundlicher geworden. Es ist nicht mehr nötig, tonnenweise Schwämme in Netzen einzuholen, um Chemikalien zu gewinnen. Inzwischen entnehmen Wissenschaftler vorsichtig kleine Schnipsel aus lebenden Schwämmen, um sie im Labor zu testen. Interessante Verbindungen werden dann synthetisiert – und definitiv nicht der Natur entnommen. Von wachsendem Interesse sind Schwämme aus der Tiefsee, wo es eine unerschlossene Schatztruhe unbekannter Arten und eine riesige Vielfalt komplexer Chemikalien zu erforschen gibt.

MITTELMEER

Papierboot

Argonauta spp.

In den Meeren treiben kleine Kraken, die sich in zarten, schimmernden Muscheln verstecken. Schon der griechische Philosoph Aristoteles beschrieb, wie der Krake die Muschel als kleines Boot benutzt und seine Segel in Form von zwei Armen mit breiten Schwimmhäuten am Ende in die Luft hebt. Sie fangen die Brise ein und treiben den winzigen Segler und sein Schiff über die Wellen. Die Geschichte wurde im Laufe der Jahrhunderte immer wieder erzählt, und in der Zwischenzeit war die wahre Identität dieser Kraken und ihrer Muscheln ein heiß diskutiertes Thema unter Naturwissenschaftlern. Lange Zeit dachten viele, es handele sich um zwei verschiedene Arten. Papierboote oder Argonauten – benannt nach den griechischen Helden, die mit Jason auf seinem Schiff, der Argo, segelten –, waren die geheimnisvollen Tiere, die die Muscheln herstellten. Aber niemand hatte je ein lebendes Exemplar gesehen, denn, so dachte man, Kraken greifen die Papierboote an, fressen sie, stehlen ihre Muscheln und segeln dann über den Horizont davon. Eine andere Ansicht besagte, dass Krake und Papierboot ein und dasselbe Tier seien.

Das Rätsel der Papierboote wurde in den 1830er Jahren von Jeanne Villepreux-Power gelöst, einer französischen Wissenschaftlerin, die so etwas wie der Gerald Durrell ihrer Zeit war. Ursprünglich war sie Näherin, heiratete einen wohlhabenden Kaufmann und zog nach Sizilien, wo sie sich daran machte, die Tierwelt der Insel zu studieren. Sie brachte Tiere mit nach Hause, um sie zu studieren, und erfand einen gläsernen Kasten, den sie mit Meerwasser und Meerestieren füllte, darunter Papierboote mit Kraken, die von örtlichen Fischern gefangen worden waren. In ihrem Forschungsaquarium führte sie eine Reihe von Beobachtungen und Experimenten durch, um die Wahrheit über die Papierboote herauszufinden. Sie stellte fest, dass die kleinen Kraken leicht aus ihren Schalen herauskamen, im Gegensatz zu Schnecken und Muscheln, die in ihren Schalen festsitzen. Als sie den Kraken ihre Schalen abnahm, wuchsen ihnen keine neuen. Aber sie flickten Risse, indem sie ihre Schalen mit den silbrigen Schwimmhäuten an ihren Armenden abrieben. Und als sie Stücke ihrer Schalen abschlug, suchten die Kraken die Stücke auf dem Boden des Aquariums, fanden das passende Stück und klebten es wieder an seinen Platz.

Ein letztes Beweisstück waren die Eier, die Villepreux-Power in den Schalen fand. Als die neu geschlüpften Jungtiere die Größe eines Fingernagels erreichten, sah sie, wie den winzigen Kraken Schalen wuchsen. Endlich hatte sie den Beweis, dass es sich bei diesen Tieren nicht um Muscheln stehlende Piraten handelte, sondern um die Papierboote selbst – die muschelbildenden Kraken.

Vor Millionen von Jahren hörten die Vorfahren der Kraken auf, Muscheln zu bilden. Dann begann die Gruppe, die sich zu Papierbooten entwickelte, wieder mit der Bildung von Muscheln, nur diesmal auf eine völlig andere Art und Weise.

Statt das Schalenmaterial aus dem weichen Körpergewebe, dem sogenannten Mantel, abzusondern (der rosafarbene Teil einer Muschel in einer Schale mit *moules marinière*), benutzen die Papierboote die beiden speziellen, mit Schwimmhäuten versehenen Arme.

Es gibt vier bekannte Arten von Papierbooten in den Weltmeeren. Manchmal reiten sie auf Quallen, wobei sie vermutlich die Giftstachel als Schutz nutzen. Sie können sich auch durch Quallenkörper fressen und Teile ihrer Nahrung stehlen. Die Schalen der Papierboote erinnern ein wenig an Gemeine Perlboote. Sie sind nicht eng miteinander verwandt, aber es handelt sich um einen Fall von konvergenter Evolution, bei der zwei Gruppen eine ähnliche Lösung für dieselbe Herausforderung finden, in diesem Fall die Herstellung einer stromlinienförmigen Schale.

Nur die weiblichen Papierboote stellen Muscheln her; die Männchen sind winzig und selten zu sehen. Ihr Beitrag zum Leben besteht darin, sich einem Weibchen zu nähern und ihm einen ihrer Arme zu geben. Zu Villepreux-Powers Zeiten wurden diese abgetrennten Arme fälschlicherweise für parasitische Würmer gehalten. Das spezialisierte, mit Spermien beladene Glied, der sogenannte Hektocotylus, ist ein typisches Merkmal der Kraken. Jedes Papierboot-Weibchen trägt immer mehrere davon mit sich herum, bis sie sie zur Befruchtung ihrer Eier benötigt. Dann wird ihre Schale zu einer mobilen Brutkammer, in der sie ihre Jungen aufzieht, bis sie ihr eigenes Leben beginnen.

MITTELMEER

Oktokoralle

Octocorallia

Schauen Sie sich die winzigen, blumenartigen Polypen einer Koralle genau an und zählen Sie die „Blütenblätter" (in Wirklichkeit sind es Tentakel). Wenn es acht sind, handelt es sich um eine Oktokoralle. Ein älterer Name für viele von ihnen ist Gorgonien, nach den furchterregenden schlangenhaarigen Gorgonen der griechischen Mythologie, die jeden, der sie ansah, in Stein verwandelten. In Ovids *Metamorphosen* trennt Perseus der Gorgonen-Königin Medusa den Kopf ab und legt ihn auf ein Algenbett, das sich in Stein verwandelt – in einigen Erzählungen in die kostbare Rote Koralle, *Corallium rubrum*.

Seit Tausenden von Jahren haben die Menschen das feurige Skelett der Roten Koralle bewundert und geschätzt. Die Römer brachten rote Korallenperlen nach China und Indien und tauschten sie gegen Seide, Perlen und schwarzen Pfeffer. Die Rote Koralle wurde in allen Kulturen der Welt zu einem Allheilmittel. Man glaubte, dass sie ihren Träger vor Krankheiten und Zaubern schützen, die Fruchtbarkeit erhöhen, gute Ernten sichern und vor Stürmen bewahren würde. Und wie so viele magische Produkte aus dem Meer – von versteinerten Haifischzähnen bis hin zu Narwalstoßzähnen – galt die Rote Koralle als Detektor und Gegenmittel für Gift. Im mittelalterlichen Italien war die Koralle ein Schutzamulett für Kinder, und das Jesuskind wird auf Gemälden manchmal mit einem roten Korallenzweig als Anhänger abgebildet. Im Japan der Edo-Zeit trugen die Damen rote Korallen als Haarschmuck und schnitzten sie zu *netsuke* in Miniaturform.

Italien war lange Zeit das Zentrum des Handels mit Roten Korallen. Zunächst hielten Freitaucher den Atem an, schwammen hinunter und rissen die baumartigen Kolonien vom Meeresboden. Als die Nachfrage stieg und die flachen Korallenbänke erschöpft waren, erfand man Geräte, um die Korallen aus der Tiefe zu holen. Der *ignegno* war ein Kreuz aus zwei Holzbalken, das mit Gewichten und Netzen beladen war, um sich in den Korallenkolonien zu verfangen. Ein größeres und schwereres Gerät war die *barra italiana*, ein 6 Meter langes und 1 Tonne schweres Metallrohr, das an langen Metallketten aufgehängt war und über den Meeresboden schleifte, wobei es die empfindlichen Korallenhabitate zerstörte. Mit dem Aufkommen der Helmtauchanzüge und schließlich der Tauchausrüstung eröffneten sich weitere Möglichkeiten zum Sammeln der Roten Korallen. Die Fischerei auf *Corallium rubrum* breitete sich auf andere Teile des Mittelmeers aus, und im Nordpazifik wurden weitere Arten in verschiedenen Schattierungen von Karminrot, Blutrot und Pfirsichrosa gefunden. Seit den 1970er Jahren werden die wertvollen Korallen von Tiefseetrawlern von den Seiten der Unterwasserberge, den Seebergen, hochgezogen.
Nach jahrhundertelanger Ausbeutung ist es kein Wunder, dass die langsam

wachsenden Kolonien Roter Korallen schwer getroffen wurden und vielerorts stark dezimiert sind. Verschiedene Länder haben Anstrengungen unternommen, um den Handel zu kontrollieren, aber es ist nicht klar, ob diese Maßnahmen ausreichen, um eine nachhaltige Versorgung zu gewährleisten. Einige Juweliere, darunter Tiffany & Co., weigern sich, neue Rote Korallen überhaupt zu verwenden.

Im Ozean finden sich noch Tausende anderer Arten von Oktokorallen, von denen etwa drei Viertel in der Tiefsee leben. Es gibt Kaugummikorallen (Paragorgiidae), Bambuskorallen (Isididae) und Seefedern (Pennatulacea), die an feine Federn erinnern, die einen Meter und mehr hoch sind. Korallen der Gattung *Iridogorgia* sehen aus wie riesige leuchtende Flaschenbürsten. Auf Seebergen wachsen Oktokorallen neben anderen Korallen und Schwämmen, die zusammen dichte Wälder bilden, in denen alle Arten von Tieren leben. Zwischen den Ästen sitzen Springkrebse, Seeanemonen und Schlangensterne. Tiefseekatzenhaie legen ihre Eier wie Weihnachtsbaumschmuck auf Korallen ab.

Obwohl sie in der dunklen Tiefe leben, wachsen Oktokorallen in Regenbogenfarben und können genauso auffällig sein wie Korallenriffe in flachen Meeren. Die leuchtenden Pigmente dienen wahrscheinlich einem anderen Zweck als dem, gesehen zu werden. Vielleicht schmecken sie schlecht und schrecken korallenfressende Räuber ab, was eine wichtige Strategie für langlebige Korallen ist. Bambuskorallen können Jahrhunderte alt werden, und Verwandte der Oktokorallen können Jahrtausende überleben. Goldkorallenkolonien (*Savalia* spp.) wachsen bis zu 2700 Jahre. Und es gibt heute noch strauchartige Kolonien der Schwarzen Koralle (*Leiopathes* spp.), die vor 4200 Jahren zu wachsen begannen, etwa zu der Zeit, als die alten Ägypter ihre großen Pyramiden bauten.

Andere Arten, sogenannte Steinkorallen (in der Ordnung Scleractinia), bilden mit ihren verzweigten Skeletten aus Kalkstein riesige Dickichte in der Tiefsee, die einen Lebensraum für Tausende anderer Arten bieten. Im Jahr 1998 entdeckten Wissenschaftler ein riesiges Feld von Tiefseekorallen vor der Nordwestküste Schottlands und nannten es Darwin Mounds. Im Mittelmeer und vor der Küste Afrikas haben Wissenschaftler Steinkorallenkolonien entdeckt, die seit 50.000 Jahren an derselben Stelle wachsen. Im Vergleich dazu wächst das Great Barrier Reef erst seit etwa 8000 Jahren.

MITTELMEER

Gewöhnlicher Kraken

Octopus vulgaris

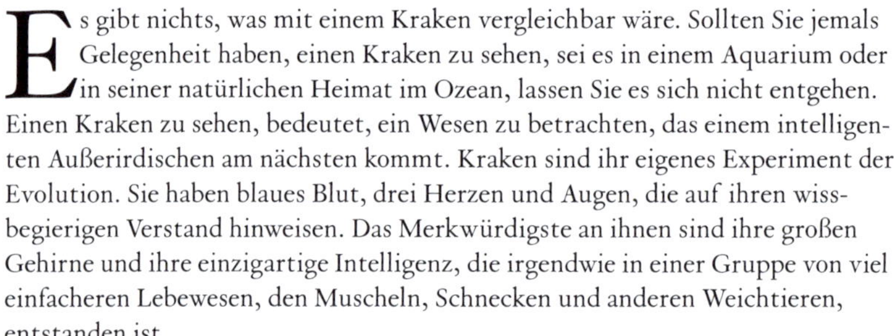

Es gibt nichts, was mit einem Kraken vergleichbar wäre. Sollten Sie jemals Gelegenheit haben, einen Kraken zu sehen, sei es in einem Aquarium oder in seiner natürlichen Heimat im Ozean, lassen Sie es sich nicht entgehen. Einen Kraken zu sehen, bedeutet, ein Wesen zu betrachten, das einem intelligenten Außerirdischen am nächsten kommt. Kraken sind ihr eigenes Experiment der Evolution. Sie haben blaues Blut, drei Herzen und Augen, die auf ihren wissbegierigen Verstand hinweisen. Das Merkwürdigste an ihnen sind ihre großen Gehirne und ihre einzigartige Intelligenz, die irgendwie in einer Gruppe von viel einfacheren Lebewesen, den Muscheln, Schnecken und anderen Weichtieren, entstanden ist.

Die Menschen erfahren immer mehr über das komplexe Leben der Kraken. Vor Kurzem haben Wissenschaftler festgestellt, dass Kraken im Schlaf die Farbe und Beschaffenheit ihrer Haut verändern. Vielleicht träumen sie. Aquarianer erzählen von verspielten Kraken mit Persönlichkeit: von denen, die sich gegen bestimmte Menschen auflehnen und sie jedes Mal beim Vorbeigehen mit Wasser bespritzen; von den Houdinis, die lernen zu entkommen, indem sie den Wasserabfluss in ihren Becken blockieren und den Raum fluten; von denen, die zeigen, dass leere Medizinflaschen zwar kindersicher sind, aber sicher nicht krakensicher.

Noch weiß niemand mit Sicherheit, wie Kraken ihre ungewöhnliche Gehirnleistung entwickelt haben. Andere Weichtiere wie Nacktschnecken besitzen einige 10.000 Neuronen. Kraken haben eine halbe Milliarde. Etwa die Hälfte dieser Neuronen sind in einem donutförmigen Ring in ihrem Kopf angeordnet, der Rest befindet sich in ihren Armen. Das ist eine völlig andere Anordnung als bei Menschen und anderen Wirbeltieren, bei denen sich die meisten Neuronen im Gehirn befinden.

Eine Theorie zur Evolution des Kraken beschreibt eine Reihe möglicher Schritte. Zunächst verloren ihre Vorfahren ihre äußere Schale, wodurch sie zu wendigen und schnellen Räubern wurden. Um ihre wabbligen Körper zu kontrollieren, entwickelten die Vorfahren der Kraken ein großes Nervensystem. Wie hätten sie sonst ihre acht widerspenstigen Arme kontrollieren können? In der Folge nutzten sie ihre Nerven, um komplexe Verhaltensweisen und Intelligenz zu entwickeln – notwendige Eigenschaften, um in einer Welt zu überleben, in der viele Tiere die weichen, schalenlosen Kraken fressen wollen.

Rund 300 Krakenarten leben überall im Ozean, von den Gezeitentümpeln an der Küste bis zu den hydrothermalen Quellen der Tiefsee, und sie haben alle möglichen Tricks auf Lager. Mimik-Oktopusse (*Thaumoctopus mimicus*) geben vor, gefährlich zu sein, indem sie verschiedene andere Tiere imitieren, von Seeschlangen bis zu giftigen Plattfischen. Blaugeringelte Kraken (*Hapalochlaena* spp.) sind wirklich tödlich. Dumbo-Oktopusse (*Grimpoteuthis* spp.) fliegen mit ihren ohrenartigen Flossen durch die Tiefe. Löcherkraken (*Tremoctopus* spp.) reißen die stechenden Tentakel von Staatsquallen ab, um sie als Waffen zu benutzen.

Lange bevor die Menschen begannen, Kraken zu halten und zu erforschen, waren diese Tiere sehr bekannt und wurden sogar verehrt. Kraken tauchen auf Töpferwaren der minoischen und mykenischen Bronzezeit auf, die das Meer feierten und verehrten. Ton-Sarkophage, sogenannte Larnakes, waren mit Abbildungen von Kraken verziert, vielleicht als Symbol der Regeneration nach dem Tod – Kraken können einen verlorenen Arm nachwachsen lassen.

In jüngerer Zeit hat sich unsere Einstellung zu Kraken stark verändert. In den 1960er Jahren war das Krakenringen eine beliebte Fernsehsendung in Amerika. Dabei tauchten Menschen ab, um Pazifische Riesenkraken (*Enteroctopus dofleini*) aus ihren Verstecken am Meeresboden zu befreien. Heutzutage sind die Zuschauer von einer mitfühlenderen Darstellung der Kraken begeistert, und ein großes Publikum schaut sich Dokumentarfilme wie den bezaubernden Film *Mein Lehrer, der Krake* (2020) an, der das Leben eines Gewöhnlichen Kraken in der False Bay in Südafrika zeigt.

Kraken werden immer mehr als Tiere anerkannt, die sorgfältig behandelt und respektiert werden müssen. Im Jahr 2021 nahm der Gesetzgeber im Vereinigten Königreich Kraken, Sepien und Kalmare (allesamt Kopffüßer) in die offizielle Liste der empfindungsfähigen Wesen auf – Tiere, die Freude und Vergnügen, aber auch Schmerz und Leid empfinden können. Kopffüßer sind neben Hummern und Krabben die ersten wirbellosen Tiere, die in das Gesetz über Tierwohl (Empfindung) aufgenommen werden, das sie vor unnötigem Leiden schützen soll. Etwa zur gleichen Zeit wurden jedoch Pläne für die weltweit erste Krakenfarm bekannt. Ein spanisches Unternehmen plant die Aufzucht von 3000 Tonnen Gewöhnlicher Kraken pro Jahr. Viele Wissenschaftler und Tierschützer sind der Meinung, dass die Massenproduktion dieser intelligenten, komplexen Tiere für den menschlichen Verzehr unethisch ist und verboten werden sollte, noch bevor sie beginnt.

Die Menschen sehen in Kraken mehr als nur Nahrung. Ingenieure ahmen ihre flinken Gliedmaßen nach, um weiche Roboter mit bionischen Tentakeln und Saugnäpfen zu bauen, die bei heiklen Operationen helfen oder auf Missionen an gefährliche, weit entfernte Orte geschickt werden könnten. Vielleicht werden von Kraken inspirierte Roboter eines Tages auf andere intelligente Lebewesen treffen. Hier auf der Erde hat sich intelligentes Leben mindestens zweimal entwickelt – einmal unter Wirbeltieren, einschließlich uns Menschen, und unabhängig davon unter Kraken. Vielleicht gibt es also auch anderswo im Universum intelligentes Leben.

MITTELMEER (UND WELTWEIT)

Weißer Hai

Carcharodon carcharias

Steven Spielbergs Film *Der weiße Hai* (1975) hat den Weißen Hai in das öffentliche Bewusstsein gerückt, und das nicht ohne Grund. Der Schrecken, den dieser fiktive Fisch auslöste, überzeugt auch Jahrzehnte später noch viele Menschen, sich vor haifischverseuchten Gewässern zu fürchten. Zwar kommt es immer wieder zu tragischen Begegnungen zwischen Menschen und Weißen Haien, doch obgleich andere Raubtiere wie Bären in Nordamerika oder Krokodile in Afrika mehr Todesopfer fordern, sind sie nicht so gefürchtet wie Haie. Je mehr die Wissenschaftler über das Leben der Weißen Haie erfahren, desto mehr erkennen sie, dass diese Tiere ein komplexes, wohlüberlegtes Leben führen und nicht einfach hirnlose Tötungsmaschinen sind.

Satellitenortungsgeräte haben gezeigt, dass Weiße Haie lange, zielgerichtete Wanderungen unternehmen. Im Jahr 2003 brach ein Hai, den Wissenschaftler Nicole nannten, alle Rekorde, indem er von Südafrika nach Australien und wieder zurück schwamm. In neun Monaten legte Nicole 20.000 Kilometer zurück, wahrscheinlich auf der Suche nach Paarungs- und Futterplätzen. Jeden Winter bildet sich auf der Strecke zwischen Hawaii und Mexiko eine riesige Ansammlung von Weißen Haien. In diesem Gebiet, dem sogenannten Weißen-Hai-Café, tauchen die Haie Hunderte von Metern in die Dämmerungszone hinab, möglicherweise um Fischschwärme und Kalmare zu jagen.

Um sich auf langen Wanderungen zu ernähren, wenn sie nicht viele Robben oder Seelöwen zum Fressen finden, ziehen die Weißen Haie ihre Energie aus ihren riesigen Lebern, die wie Kamelhöcker funktionieren. Eine Haileber, die eine halbe Tonne wiegt, enthält etwa 400 Liter Öl, was dem Kaloriengehalt von etwa 9000 Schokoriegeln entspricht. Niemand weiß mit Sicherheit, wie Haie navigieren, aber es ist möglich, dass die elektrosensiblen Poren an ihrer Schnauze es ihnen ermöglichen, schwache elektrische Ströme aufzuspüren, die durch das Magnetfeld der Erde erzeugt werden.

Bevor es ausgeklügelte Ortungsgeräte gab, um das Leben dieser Tiere zu erforschen, sahen die Menschen Weiße Haie nur gelegentlich, wenn Fischer sie fingen. Bekannter waren dreieckige Objekte, die als Glossopetrae, Zungensteine, bekannt waren und zunächst nicht mit Haien in Verbindung gebracht wurden. Der römische Naturforscher Plinius der Ältere schrieb, dass Glossopetrae bei Mondfinsternissen vom Himmel fielen. Andere Geschichten erzählten von Drachen- oder Schlangenzungen, die in Stein verwandelt wurden. Im Mittelalter glaubten die Menschen, dass Glossopetrae mit großen Kräften ausgestattet waren, und trugen sie als Amulette oder eingearbeitet in speziellen Taschen ihrer Kleidung. Diese geheimnisvollen Steine galten als Heilmittel gegen Schlangenbisse und als Gegenmittel für Gift. Pulverisierte Glossopetrae wurden als Heilmittel gegen Epilepsie, Fieber und Mundgeruch verkauft.

1666 sezierte der dänische Anatom Nicolas Steno den Kopf eines vor der italienischen Küste gefangenen Weißen Hais und war davon überzeugt, dass es sich bei den Glossopetrae in Wirklichkeit um alte versteinerte Haizähne handelte. Er fand heraus, dass diese dreieckigen Steine die Überreste von Haien aus einer früheren geologischen Epoche waren, und eröffnete damit eine völlig neue Sicht auf die Erdgeschichte.

Einige der größten fossilen Haifischzähne stammen von ausgestorbenen Megalodons. Vergleicht man ihre Zähne mit denen der Weißen Haie, so kann man errechnen, dass Megalodons bis zu 16 oder 18 Meter lang waren. Paläontologen waren früher der Meinung, dass die nächsten lebenden Verwandten des Megalodons die Weißen Haie waren, aber jetzt werden sie in eine eigene Familie ausgestorbener Haie eingeordnet.

Weiße Haie gehören zur Familie der Makrelenhaie, der Lamnidae, benannt nach Lamnia, einem kinderfressenden Ungeheuer der griechischen Mythologie. Andere lebende Makrelenhaie sind Heringshaie, Lachshaie sowie Langflossen- und Kurzflossenmakos, die als Geparden des Ozeans gelten und bis zu 70 Kilometer pro Stunde schwimmen. Das Geheimnis ihrer enormen Geschwindigkeit sind winzige, biegsame, zahnähnliche Flecken auf ihrer Haut. Ingenieure haben herausgefunden, dass die wackeligen Zähnchen der Makohaie dazu beitragen, die Bildung von Wirbeln im Wasser hinter ihren Kiemen und Flossen zu verhindern, was den Luftwiderstand verringert und ihre Effizienz bei der Fortbewegung im Wasser verbessert.

Designer von Schwimmbekleidung haben sich von Haien inspirieren lassen, um den Menschen zu helfen, sich schneller im Wasser zu bewegen. Im Jahr 2000 brachte Speedo den Fastskin auf den Markt, einen Schwimmanzug, der von den Fuß- bis zu den Handgelenken mit V-förmigen Rillen versehen war, die Haizähne nachahmten. Und es schien zu funktionieren. Bei den Olympischen Spielen in Sydney trugen acht von zehn Schwimmern, die Medaillen gewannen, Fastskin-Anzüge. Neue, verbesserte Anzüge wurden entwickelt und weitere Rekorde wurden gebrochen. Dann, im Jahr 2012, testete ein Ichthyologe an der Harvard-Universität die Anzüge und stellte fest, dass sie den Luftwiderstand nicht auf die gleiche Weise verringern, wie es Haifischzähne tun. Vielmehr schließen sie Luftblasen ein, die den Schwimmern beim Treiben an der Wasseroberfläche helfen und die Reibung im Wasser verringern. Der Internationale Schwimmverband hat nun die von Haien inspirierten Ganzkörperanzüge verboten.

MITTELMEER

Schiffshalter

Echeneidae

Im Jahr 31 v. Chr. verloren der römische General Marcus Antonius und die ägyptische Königin Kleopatra vor der griechischen Küste eine Seeschlacht, die das Ende der Römischen Republik und den Beginn des Römischen Reiches einleitete. Der Sieger, später als Kaiser Augustus bekannt, wurde der unbestrittene Herrscher der römischen Welt. Der römische Schriftsteller Plinius der Ältere gab spekulativ den Fischen die Schuld an Antonius' und Kleopatras Niederlage. Die Schiffe ihrer Flotte wurden von Schwärmen von *Echeneis*, Schiffshaltern, angegriffen und zurückgehalten.

Geschichten von 30 Zentimeter langen Fischen, die sich an Schiffsrümpfen festkrallen und die Fahrt verlangsamen, blieben bis ins Mittelalter populär. Im Meer gibt es acht Arten, die gut zu diesen nautischen Störenfrieden passen. Schiffshalter schnappen sich zwar manchmal Boote, aber normalerweise bevorzugen sie Delfine, Schildkröten, Wale, Haie und andere große Fische. Im Jahr 2020 machte ein Unterwasserfotograf ein Foto von einem Walhai, der mit 20 Schiffshaltern in seinem offenen Maul schwamm. Sie stoppen zwar weder Boote noch Haie, aber sie verursachen einen hydrodynamischen Widerstand. Delfine, die mit Schiffshaltern beladen sind, kann man dabei beobachten, wie sie aus dem Wasser springen und versuchen, ihre Anhalter loszuwerden.

Schiffshalter sehen aus, als ob jemand mit einem großen Gummistiefel auf sie getreten wäre. Der ovale, geriffelte Saugnapf auf ihrem Kopf wird in jungen Jahren aus einer modifizierten Rückenflosse gebildet. Er ermöglicht es ihnen, Energie zu sparen, indem sie sich an größeren Tieren festhalten, anstatt selbst zu schwimmen. Wenn sie schnell genug transportiert werden, müssen Schiffshalter nicht einmal aktiv atmen; sie öffnen einfach ihr Maul und lassen das Wasser über ihre Kiemen fließen.

Es gibt viele Geschichten von Fischern, die Schiffshalter als lebende Angelhaken bei der Jagd verwenden. Von der zweiten Reise des Christoph Kolumbus in die Karibik sind Geschichten über Fischer überliefert, die Schnüre um die Schwänze der aalförmigen Fische banden, die die Spanier *reversus* nannten. Die Fischer ließen die Fische schwimmen und befestigten sie an den Panzern von Schildkröten, um sie dann an Land zu ziehen. Ähnliche Berichte kamen im 19. Jahrhundert aus Sansibar, Südafrika und Madagaskar.

Andere Fische, ohne Saugnäpfe, halten sich in der Nähe von Haien auf. Lotsenfische mögen Weißspitzen-Hochseehaie besonders gern und schwimmen ihnen oft in ihrer Bugwelle voraus. Ihr Name rührt von alten Geschichten her, in denen es heißt, dass diese Fische Haie auf der Suche nach Nahrung anführen oder Schiffen den richtigen Weg weisen.

In einer Studie aus dem Jahr 2021 sammelten Wissenschaftler Unterwasseraufnahmen, die von Tauchern auf YouTube gepostet worden waren, und sahen

Dutzende von Fällen, in denen Fische auf Haie, darunter auch Weiße Haie, zuschwammen und sich an ihrer Haut rieben. Es scheint eine riskante Strategie zu sein, sich einem riesigen Raubtier zu nähern, statt sich zu verkriechen. Aber es macht durchaus Sinn, dass Fische die Haut von Haien nutzen, um ihre eigenen Parasiten abzuschälen und abzureiben, vor allem in offenen Meeren, wo keine Putzerlippfische in der Nähe sind, die diese Aufgabe übernehmen könnten.

Portugiesische Galeere

Physalia physalis

Wenn Sie einen rosafarbenen Ballon auf dem Meer oder an einem Strand entdecken, haben Sie mit großer Wahrscheinlichkeit eine Portugiesische Galeere entdeckt. Sie sieht wie eine Qualle aus, ist es aber nicht so ganz – sie ist ein naher Verwandter, eine Staatsqualle. Der Ozean ist voll von Hunderten von Staatsquallenarten, aber die meisten bleiben unter den Wellen verborgen. Nur die Portugiesische Galeere hat einen pneumatischen Schwimmer, der sie sichtbar an der Oberfläche hält und die Brise einfängt, wenn sie über weite Ozeanbecken segelt. Manche Leute behaupten, dass diese Schwimmer den Galeeren des 18. Jahrhunderts ähneln, daher der Name des Tiers. Manchmal strömen große Armadas an die Küsten, und die örtlichen Behörden sperren die Strände, um Schwimmer vor Stichen zu schützen.

Der Körperbau der Staatsquallen ähnelt keinem anderen Tier. Die Staatsquallen bestehen aus Kolonien von Klonen, den sogenannten Zooiden, die alle eine Schlüsselrolle spielen: Einige fangen Nahrung, andere produzieren Eier oder Spermien, und wieder andere bewegen und steuern die Kolonie mit rhythmischen Kontraktionen winziger quallenartiger Glocken.

Mit ihren zarten, gallertartigen Körpern sind die meisten Staatsquallen bekanntermaßen schwer zu untersuchen. Zunächst einmal fallen sie in Probeentnahme-Netzen auseinander. Doch mithilfe von Tieftauchrobotern finden Biologen immer mehr Staatsquallen und entdecken, wie wichtig sie für die Ökosysteme der Ozeane sind. Sie wachsen in komplizierten Formen, und einige sind riesig. Das bisher größte Exemplar mit einer Länge von etwa 30 Metern wurde in einer riesigen Spirale hängend vor der Küste Westaustraliens gefilmt.

Staatsquallen sind die heimlichen Helden des Klimas. Sie sind Teil einer riesigen Wanderung von Tieren, die nachts an die Oberfläche steigen, um sich zu ernähren, und bei Sonnenaufgang wieder abtauchen, wobei sie jedes Jahr Milliarden von Tonnen Kohlenstoff in die Tiefe ziehen, sodass dieser der Atmosphäre für Jahrtausende fernbleibt. Aber nicht die Portugiesischen Galeeren – sie treiben einfach weiter im Wasser.

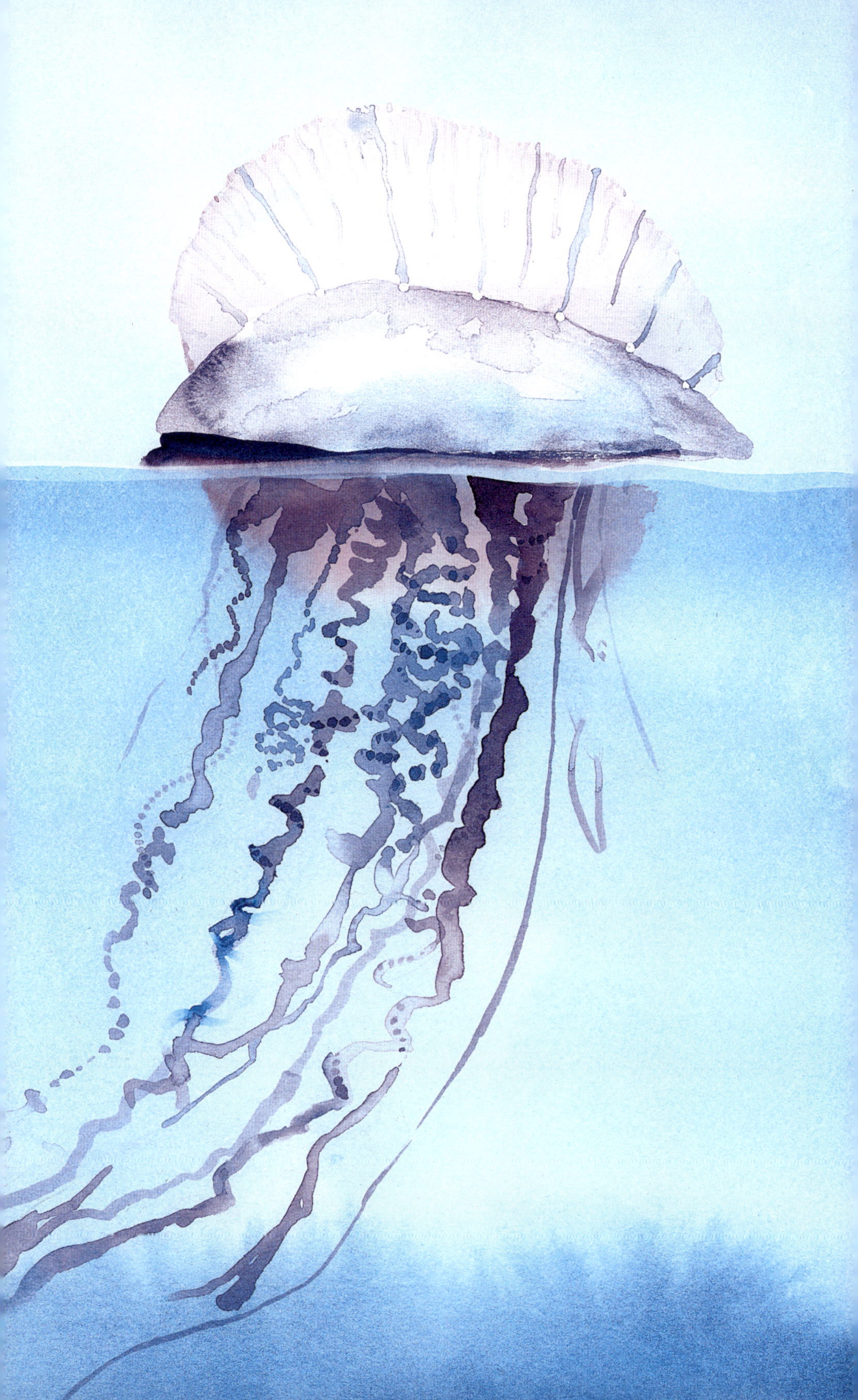

INDISCHER OZEAN

Schuppenfußschnecke

Chrysomallon squamiferum

Schuppenfußschnecken gehören zu den seltsamen Lebensformen, die in der Tiefsee an hydrothermalen Schloten leben. Sie haben einen mit Schuppen bedeckten Fuß und eine glänzende Schale aus Eisen – zwei Merkmale, die sie einzigartig machen. Keine anderen Schnecken haben schuppige Füße – diese sind normalerweise weich und matschig –, und von keinem anderen Tier ist bekannt, dass es einen Körperpanzer aus Eisen hat. Die Art und Weise, wie diese Schnecken ihren Panzer herstellen, könnte sich auch für den Menschen als sehr nützlich erweisen.

Hydrothermale Schlote, auch als Schwarze Raucher bekannt, gehören zu den extremsten Umgebungen der Erde. Sie bilden sich tief unter der Oberfläche, und aus ihnen strömen sengende giftige Flüssigkeiten heraus. Als die merkwürdigen schuppigen Schnecken 2001 zum ersten Mal gefunden wurden, glaubte man, dass die Schuppen und die eiserne Schale diese Lebewesen vor ihrer Umgebung schützen könnten. Tatsächlich schützen die ungewöhnlichen Merkmale der Schnecken sie vor einer Bedrohung, die von innen kommt.

Die Schnecken beziehen ihre Nahrung von Bakterienkolonien, die in einem speziellen Beutel in ihrem Schlund leben. Diese Bakterien nutzen die Energie aus den Chemikalien, die von den Schornsteinen der Schwarzen Raucher abgegeben werden. Dank der Bakterien gedeiht das Leben in der Umgebung der Schwarzen Raucher in völliger Dunkelheit. Für die Schnecken und viele andere Tiere, die an den Schloten leben, ist es eine symbiotische Partnerschaft. Die Bakterien erhalten einen sicheren Lebensraum und eine konstante Versorgung mit den von ihnen benötigten Chemikalien, während die Schnecken die gesamte Nahrung, die sie benötigen, von den in ihnen lebenden Bakterien erhalten.

Doch es gibt ein Problem. Bei der Erzeugung von Nahrung aus Chemikalien, einschließlich Schwefelwasserstoff, setzen die Bakterien auch Schwefel frei, der für Schnecken giftig ist. Um dieses Gift loszuwerden, bestehen die Schuppen der Schnecken aus Tausenden von winzigen Röhren, die wie Auspuffrohre wirken. Der Schwefel fließt durch die Röhren und reagiert an der Oberfläche mit dem Eisen im Meerwasser, wobei er Teilchen aus Eisenverbindungen bildet, darunter auch Pyrit, das Katzengold. Auf diese Weise erhalten die Schnecken ihren glänzenden Panzer und überleben mit den schwefelproduzierenden Bakterien in ihrem Inneren.

Die Entschlüsselung des Geheimnisses der Schuppenfußschnecken verspricht große Fortschritte bei Herstellungsprozessen. Winzige Eisenpartikel werden in der Industrie auf verschiedene Weise verwendet, beispielsweise für Solarpaneele und wiederaufladbare Batterien, aber ihre Herstellung ist derzeit noch ein kostspieliger Prozess mit hohen Temperaturen. Schuppenfußschnecken zeigen, dass es möglich ist, Eisenpartikel bei viel niedrigeren Temperaturen herzustellen; sie halten sich normalerweise in den Bereichen der Schlote auf, in denen die Temperatur etwa 15 °C beträgt. Außerdem müssen sie dazu nicht lebendig sein; die Schuppen und die winzigen Röhren funktionieren von selbst. Ingenieure könnten ihre eigenen Versionen entwickeln und möglicherweise eine neue Generation effizienterer industrieller Fertigungsmethoden inspirieren. Und keine Sorge, es werden keine Fabriken mit reihenweise gefangenen Schuppenfußschnecken benötigt.

INDISCHER OZEAN

Blaustreifen-Putzerlippfisch

Labroides dimidiatus

Wenn Sie jemals versucht sein sollten, die Geschichten zu glauben, dass Fische nur ein Sieben-Sekunden-Gedächtnis haben oder weder Schmerz noch Freude empfinden, denken Sie einfach an den Putzerlippfisch. In den Korallenriffen der Tropen spielen sich in den Revieren der Putzerlippfische geschäftige Szenen ab. Andere Fische schwimmen herbei und warten geduldig, bis sie an der Reihe sind, um sich die blutsaugenden Parasiten von der Haut knabbern zu lassen. Jeden Tag kümmert sich ein Putzerlippfisch um Hunderte von Kunden, merkt sich jeden einzelnen und passt seine Dienste entsprechend an. Das ist es, was die Reinigungskraft gut im Geschäft und vor allem am Leben hält.

An einer Reinigungsstation halten sich alle an eine strenge Etikette, und eine komplizierte Choreografie spielt sich ab. Zunächst werben die Putzerlippfische, die allein oder zu zweit arbeiten, für ihre Dienste, indem sie Tänze aufführen und ihre Schwänze rhythmisch hin- und herbewegen. Wenn sie dann mit dem Putzen beginnen, hält ihr Kunde in einem tranceartigen Zustand vollkommen still. Viele Besucher sind Raubfische, die die kleinen zigarrengroßen Lippfische nach dem Putzen leicht verspeisen könnten, aber es herrscht ein Waffenstillstand und niemand wird gefressen. Putzerlippfische schwimmen mutig in die klaffenden Mäuler von Muränen, Zackenbarschen und anderen scharfzahnigen Jägern. Es ist, als würde ein Löwenbändiger seinen Kopf nicht nur in das Maul eines Löwen stecken, sondern direkt hineinklettern. Für diese Kunden zeigen sich die Putzerlippfische immer von ihrer besten Seite, vor allem bei Raubfischen, die schon länger nichts mehr gefressen haben, was die Lippfische irgendwie spüren können. Wenn ihre Kunden gefährlich oder hungrig sind, picken die Putzerlippfische nur Parasiten und tote Haut ab, sonst nichts.

Harmlose Pflanzenfresser wie Kaninchenfische und Doktorfische werden nicht immer so gut behandelt. Gelegentlich betrügen die Putzerlippfische diese Kunden und beißen in die lebende Haut. Sie tun dies, um einen Bissen von dem Schleim zu bekommen, der die Haut der Fische bedeckt und der in diesen sonnenverwöhnten tropischen Gewässern vor UV-Schäden schützt. Die Fische stellen den Sonnenschutz nicht selbst her, sondern nehmen ihn mit der Nahrung auf. Daher beißen die Putzerlippfische manchmal etwas tiefer in die Haut – aber sie entschädigen den Kunden anschließend immer mit einer Rundum-Flossenmassage und streicheln ihn. Es ist offensichtlich, dass die Kundenfische diesen Körperkontakt genießen, denn ihre Augen rollen im Kopf zurück und sie scheinen in eine glückselige Trance zu fallen. Wissenschaftler haben gemessen, dass die Stresshormone im Blut von Fischen nach einer guten Massage abfallen. Das ist wahrscheinlich der Grund, warum die Fische die Putzerstationen immer wieder aufsuchen, manchmal Hunderte von Malen am Tag, und zwar nicht, weil sie mit Parasiten verdreckt sind, sondern weil es sich einfach gut anfühlt.

Putzerlippfische lernen auch, welche Fische kleine Reviere und keine anderen Putzerstationen in Reichweite haben. Diejenigen, die gebissen werden, schwimmen vielleicht wütend davon, aber der Lippfisch weiß, dass sie zurückkommen werden, weil sie keine andere Wahl haben.

Neben ihrem beeindruckenden Langzeitgedächtnis und ihrer Fähigkeit, die Motivation anderer Fische zu erkennen, zeigen Putzerlippfische noch weitere Anzeichen für fortgeschrittene kognitive Fähigkeiten. Es ist möglich, dass sie eine Eigenwahrnehmung haben. 2019 veröffentlichten Wissenschaftler in Deutschland eine Studie, in der sie zehn Putzerlippfische in Einzelaquarien hielten, die mit einem Spiegel ausgestattet waren. Anfangs stürzten sich die Fische auf ihr Spiegelbild und hielten sich für einen unerwünschten Eindringling. Nach einem Tag beruhigten sie sich und begannen, sich im Spiegel zu betrachten. Als Nächstes klebten die Wissenschaftler jedem Fisch einen Klecks Farbgel auf den Kopf, und neun von zehn Fischen betrachteten ihr Spiegelbild und bemerkten vielleicht, dass sich ihr Aussehen verändert hatte. Einige rieben ihren Kopf am Becken, als ob sie versuchten, den Farbklecks zu entfernen. Die Lippfische taten aber nichts von alledem, wenn sie einen farblosen Punkt bekamen.

Die Studie war umstritten, und nicht alle sind der Meinung, dass sie einen Beweis für die Eigenwahrnehmung von Putzerlippfischen liefert, auch wenn ähnliche Tests bei Delfinen, Schimpansen, Krähen und Elefanten positiv ausfielen. Es scheint, als müssten sich Fische noch mehr anstrengen, um zu zeigen, dass sie nicht so dumm sind, wie viele Menschen glauben.

INDISCHER OZEAN

Komoren-Quastenflosser

Latimeria chalumnae

Bis vor weniger als einem Jahrhundert ging die Wissenschaft davon aus, dass Quastenflosser längst ausgestorben waren. Die einzigen Hinweise auf diese Fische waren versteinerte Überreste tief im Gestein, die bis zur Devonzeit vor etwa 400 Millionen Jahren zurückreichten. Mindestens 100 Quastenflosser-Arten schwammen in den alten Ozeanen, allerdings nur bis zum Ende der Kreidezeit. Niemand fand jemals Quastenflosser-Fossilien, die jünger als 66 Millionen Jahre waren, und das schien darauf hinzudeuten, dass dieser besondere Zweig des Fischstammbaums das katastrophale Massenaussterben, das die Dinosaurier auslöschte, nicht überlebt hatte. Doch dann machten Fischer 1938 vor der Küste Südafrikas eine bemerkenswerte Entdeckung.

Als der Trawler-Kapitän Hendrik Goosen sein Netz einholte, sah er, dass er einen Fisch gefangen hatte, wie er ihn noch nie zuvor gesehen hatte. Er war 2 Meter lang, königsblau, hatte einen ungewöhnlichen dreiteiligen Schwanz und an der Basis jeder Flosse befand sich ein charakteristischer fleischiger Lappen. Goosen legte den seltsamen Fisch beiseite, um ihn einer örtlichen Museumskuratorin, Marjorie Courtenay-Latimer, zu zeigen, die oft vorbeikam, um seine Netze nach interessanten Exemplaren zu durchsuchen. Dieser Fisch war etwas völlig anderes, und Courtenay-Latimer konnte ihn in keinem Fischführer finden. Einige Zeit später kam der Fischbiologe J.L.B. Smith von der Rhodes-Universität, um das ausgestopfte Exemplar zu sehen, und identifizierte es sofort als Quastenflosser. Das war das ichthyologische Äquivalent zum Anblick eines ausgestorbenen *Velociraptors*. Smith nannte die neue Gattung der lebenden Quastenflosser *Latimeria*, nach Courtenay-Latimer.

Abgesehen vom Fund eines Tieres, dessen Abstammung als ausgestorben galt, war die Entdeckung der Quastenflosser auch aus anderen Gründen bahnbrechend. Wissenschaftler fragten sich, ob aus den Vorfahren dieser fleischigen Fische die ersten vierbeinigen Wirbeltiere hervorgegangen waren, die aus dem Meer an Land krochen und aus denen sich alle Reptilien, Amphibien, Vögel und Säugetiere entwickelt hatten. Jüngste genetische Studien haben jedoch gezeigt, dass Lungenfische, Verwandte der Quastenflosser, der Gruppe der Urzeitfische, die den Sprung an Land wagten, am nächsten standen.

Seit der ersten Entdeckung moderner Quastenflosser vor Südafrika hat man sie vor den Komoren, vor Kenia, Tansania, Mosambik und Madagaskar gefunden. Sie leben in der Dämmerungszone, Hunderte von Metern unter Wasser, oft zusammengekauert in Felshöhlen, wo sie sich nachts auf der Jagd nach Fischen und Tintenfischen herumtreiben. Ihre scheue Art in großer Tiefe ist wahrscheinlich ein Grund, warum sie der westlichen Wissenschaft so lange verborgen blieben. 1997 entdeckte der Meeresbiologe Mark Erdmann auf einem indonesischen Fischmarkt eine zweite Art, den Manado-Quastenflosser (*Latimeria menadoensis*).

Quastenflosser wurden als „lebende Fossilien“ bezeichnet, weil sich ihr Aussehen im Laufe der Jahrmillionen anscheinend kaum verändert hat. Doch dieser Ruf ist unverdient. Tatsächlich sind Quastenflosser nicht in einem evolutionären Stillstand gefangen. Auf genetischer Ebene hat sich viel verändert, und in den letzten 10 Millionen Jahren haben Quastenflosser dank einer Art „egoistischer Gene“, die zwischen den Arten hin- und herspringen, mehr als 60 neue Gene erhalten.

Dennoch hat die Vorstellung, dass Quastenflosser uralte Überlebenskünstler sind, die Fantasie der Menschen beflügelt, und manche glauben sogar, dass ihr Verzehr zu einem längeren Leben führen könnte. Glücklicherweise riechen und schmecken diese Fische furchtbar und haben eine stark abführende Wirkung, sodass nie eine kommerzielle Quastenflosser-Fischerei in Gang gekommen ist. Quastenflosser werden jedoch versehentlich in Haifischnetzen gefangen, weshalb die Art im Westindischen Ozean heute als stark gefährdet gilt.

Ein Großteil der ungewöhnlichen Biologie der Quastenflosser bringt sie in große Gefahr. Sie scheinen von Natur aus selten zu sein, und es gibt heute nur noch einige hundert Exemplare. Die Weibchen sind rekordverdächtige fünf Jahre lang trächtig, bevor sie lebende Jungtiere zur Welt bringen. Kürzlich haben Wissenschaftler herausgefunden, dass erwachsene Quastenflosser erst im Alter von mindestens 40 Jahren geschlechtsreif werden und fast ein Jahrhundert alt werden können. Quastenflosser sind zwar keine lebenden Fossilien, aber sie leben sehr lange – wenn sie die Chance dazu bekommen.

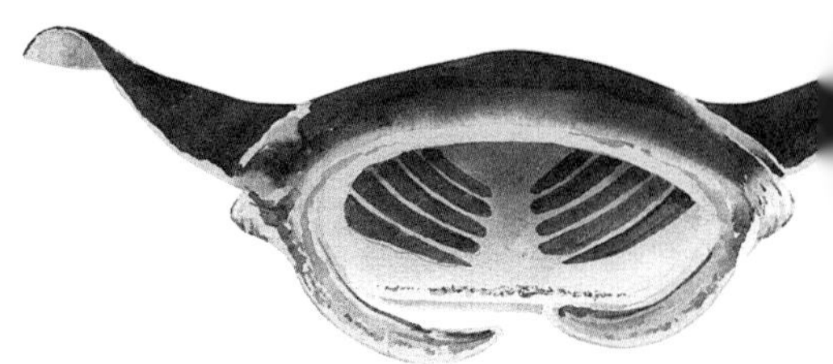

INDISCHER OZEAN

Riesenmanta

Mobula birostris

Die Begegnung mit einem Riesenmanta ist ein fesselndes Erlebnis. Seine dreieckigen Flügel können bis zu 7 Meter breit werden und bis zu 3 Tonnen wiegen. Riesenmantas sind Riesen, die uns absolut nichts tun, außer dass sie vielleicht einen Ausschlag bei uns auslösen, wenn sie ihre raue Haut auf falsche Weise an unserer Haut reiben (aber so nahe sollten wir ihnen wirklich nicht kommen). Sie sind sanfte Filtrierer, die nur winzigem Plankton gefährlich werden können. Sie fliegen mit ungeheurer Anmut durch das Wasser und haben einen wissenden Blick in den Augen, der darauf hindeutet, dass in ihrem Inneren etwas Nachdenkliches vor sich geht.

Mantarochen haben das größte Gehirn-Körper-Verhältnis aller Fische. Eine kürzlich durchgeführte Studie über in Gefangenschaft lebende Mantas gab Aufschluss darüber, was ihre riesigen Gehirne für sie bedeuten könnten. In einem Aquarium auf den Bahamas ließen Wissenschaftler einen riesigen Spiegel in ein Becken hinab, in dem zwei Mantarochen lebten. Die beiden zeigten großes Interesse an ihrem Spiegelbild, kreisten vor dem Spiegel und pusteten Luftblasen (Mantas atmen keine Luft und können daher nicht ausatmen, aber Luftblasen können sich in ihren Kiemen festsetzen und aus ihnen austreten). Die Wissenschaftler vermuten, dass die Mantas ein Verhalten gezeigt haben, das als Kontingenzprüfung bekannt ist. Wir Menschen tun dasselbe, wenn wir mit der Hand winken, um zu überprüfen, ob es unser eigenes Spiegelbild ist, das wir in einem entfernten Fenster sehen. *Bin ich das? Ah, ja, das bin ich.* Nicht alle sind dieser Meinung, aber es ist möglich, dass die Mantas wussten, dass sie sich selbst in diesem Spiegel sahen, ähnlich wie die Putzerlippfische, die im Spiegel besonders auf farbige Punkte achteten, die ihnen auf den Kopf gesetzt wurden (die Mantas erhielten keine farbigen Punkte).

In der freien Natur könnten Mantas sich in der Meeresoberfläche spiegeln, wenn sie von tiefen Tauchgängen zurückkehren. Es wurde beobachtet, dass Riffmantas (*Mobula alfredi*) bis zu 700 Meter tief tauchen und dabei in ausgesprochen kühles Wasser eintauchen. Wie bei den meisten Fischen hängt die Körpertemperatur von der Umgebung ab, und für Mantas liegt die optimale Temperatur im tropischen Bereich bei 20–26 °C. Um zu verhindern, dass ihre großen Gehirne während ihrer tiefen Tauchgänge einfrieren, haben Mantas dichte Bündel von Blutgefäßen, die wie Gegenstrom-Wärmetauscher fungieren. Anstatt die Wärme über die Kiemen an das umgebende Wasser abzugeben, leitet der Blutstrom die Wärme zurück zu den lebenswichtigen Organen. Mantas besitzen quasi eingebaute Gehirnwärmer.

Mantas haben ein weiteres intelligentes Gerät in ihrem Maul, das verhindert, dass ihre Kiemen verstopfen, wenn sie winzige Nahrung aus dem Wasser filtern. Sie schwimmen mit offenem Maul umher und nehmen ständig Nahrung auf, aber sie husten nie und haben keine Zunge, um alles zu entfernen, was in ihren Kiemen stecken bleibt. Stattdessen haben sie Kiemen entwickelt, die mit winzigen kammartigen Zähnen bedeckt sind, die so geformt sind, dass sie Wirbel erzeugen, die Nahrungspartikel in ihren Rachen bringen und gleichzeitig die Kiemen sauber halten. Die selbstreinigenden Kiemen der Mantas inspirieren Ingenieure, ihren Trick zu kopieren und Geräte zu bauen, mit denen winzige Plastikpartikel aus dem Abwasser von Verarbeitungsanlagen herausgesiebt werden können.

Leider wurde für die Kiemen der Mantas eine andere Verwendung erfunden. Vor etwa zehn Jahren begannen Händler der traditionellen chinesischen Medizin, Mantakiemen zur Behandlung von Akne bis hin zu Windpocken zu verkaufen. Es scheint, dass die Händler diese Therapien erfunden haben, da Mantas in keinem Text der traditionellen Medizin erwähnt werden. Möglicherweise sind sie auf Mantakiemen umgestiegen, als Haie überfischt wurden und ihre Flossen immer schwieriger zu bekommen waren. Heute werden jedes Jahr Zehntausende von Mantas und ihre Verwandten, die Teufelsrochen, wegen ihrer Kiemen getötet, auch in Vietnam, Sri Lanka, Indien und Indonesien. Vielerorts stehen Mantas inzwischen unter strengem Schutz, und Naturschutzgruppen bemühen sich um eine Verringerung der Nachfrage, indem sie die Verbraucher unter anderem darauf hinweisen, dass die Kiemen mit gefährlichen Giftstoffen wie Arsen und Kadmium belastet sind, die die Mantas beim Schwimmen in den Meeren ansammeln.

Große Riesenmuschel

Tridacna gigas

Mythen über menschenfressende Große Riesenmuscheln sind genau das. Es gibt keine zuverlässigen Berichte darüber, dass jemand tatsächlich von einer dieser riesigen Muscheln gefangen und ertränkt wurde. Zum einen haben sie Hunderte von winzigen Augen, die über ihren weichen Mantel verteilt sind, dieses bunte Gewebe, das aus dem Inneren ihrer offenen Schale herausschaut. Obwohl ihr Sehvermögen nicht sehr ausgeprägt ist, können Große Riesenmuscheln Licht und Dunkelheit wahrnehmen, und wenn ein Schatten auf sie fällt – etwa der eines menschlichen Tauchers –, schließen sie schnell ihre Schalen, meist bevor die Person die Chance hat, hineinzugreifen. Außerdem sind Große Riesenmuscheln keine Raubtiere, die auf unvorsichtige Beute warten, sondern sie sind Filtrierer, die kleine Partikel aus dem Wasser filtern. Darüber hinaus beziehen sie Energie aus winzigen Algen, den sogenannten Zooxanthellen, die in Symbiose mit ihrem Gewebe leben. Die schillernden Farben der Muscheln stammen von spezialisierten Zellen im Mantel, den sogenannten Iridozyten, die die Algen mit Sonnenlicht bestrahlen, um ihr Wachstum zu fördern.

Die wahre Geschichte von Menschen und Muscheln ist eher umgekehrt. Seit Jahrtausenden essen die Menschen Riesenmuscheln. Eine bestimmte Art, *Tridacna costata*, ist heute in ihrem Verbreitungsgebiet im Roten Meer sehr selten. Allerdings waren diese Muscheln früher nicht nur viel häufiger anzutreffen, sondern auch viel größer – bis zu 20-mal schwerer als heute. Die Schrumpfung der Muscheln fällt mit der Zeit zusammen, als die ersten Menschen wahrscheinlich aus Afrika auswanderten, also vor mehr als 100.000 Jahren. Wir wissen, dass diese frühen Hominiden gern Meeresfrüchte aßen, da sie zu dieser Zeit Werkzeuge zum Muschelschälen hinterließen. Selbst mit sehr einfachen Werkzeugen konnte der Mensch die Populationen anderer Tiere nachhaltig beeinflussen.

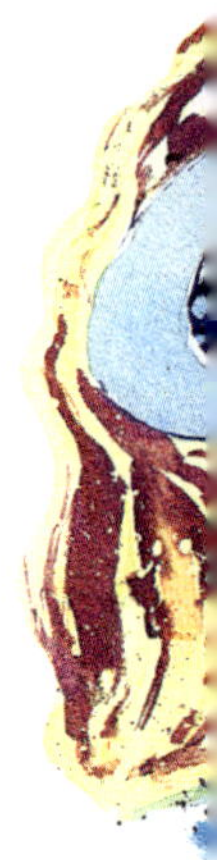

Manche Menschen essen auch heute noch gerne Riesenmuscheln, obwohl die Art inzwischen weitgehend geschützt ist. Der beliebteste Teil ist der große Muskel, der die Schalen zusammenhält. Riesenmuscheln werden auch wegen ihrer Schalen gejagt. *Tridacna gigas* sind die größten Muscheln der Welt, deren Schalen einen Durchmesser von mehr als einem Meter haben können. Außerdem gibt es zwölf etwas kleinere *Tridacna*-Arten. Traditionell wurden die riesigen Muscheln als Taufbecken in Kirchen verwendet. Eine neue Bedrohung ist der illegale Handel mit Riesenmuschelschalen, die als Ersatz für Elfenbein verwendet werden. Nach dem internationalen Vorgehen gegen den Handel mit Elefantenstoßzähnen haben die Händler nach einem alternativen Material gesucht, und der Handel mit Riesenmuscheln hat stark zugenommen. Auf der chinesischen Insel Hainan schnitzen Kunsthandwerker durchscheinende Riesenmuschelschalen zu glänzenden Perlen und kunstvollen Ornamenten. In den letzten Jahren wurden Dutzende von illegalen Muschelsendungen im Wert von Millionen von Dollar vom Zoll beschlagnahmt. Die bisher größte Aktion fand 2019 auf den Philippinen statt, wo die Beamten 120.000 Tonnen Muscheln beschlagnahmten. Naturschützer zeigen sich zunehmend besorgt über die Auswirkungen des Handels auf die Muscheln und ihre Heimat, die Korallenriffe.

Tigerhai

Galeocerdo cuvier

Tigerhaie gehören zu den größten Spitzenräubern im Ozean. Sie sind ähnlich groß wie Weiße Haie und werden bis zu 5 Meter lang. Sie sind nach den Streifen benannt, die bei jungen Haien am deutlichsten ausgeprägt sind. Sie leben an warmen und tropischen Küsten, wo sie einen großen Einfluss auf ihre Umgebung haben – denn viele Tiere haben Angst vor ihnen, und das ist auch gut so. Tigerhaie haben einen breit gefächerten Speiseplan und greifen alle Arten von Beutetieren an, von Delfinen und Seekühen bis hin zu Fischen, Seeschlangen und Meeresschildkröten.

In der Shark Bay in Westaustralien befindet sich die größte Seegraswiese der Welt. Die Bucht ist auch die Heimat von Tausenden grasenden Dugongs und vielen Tigerhaien, die sie jagen. Wenn Tigerhaie in der Nähe sind, verhalten sich Dugongs zurückhaltend. Sie verbringen weniger Zeit mit gesenktem Kopf, beißen nicht so tief in die Seegraswurzeln und reißen auch kaum ganze Pflanzen aus. Stattdessen nehmen sie nur die Spitzen der Grashalme ab, sodass sie fressen und gleichzeitig nach Haien Ausschau halten können. Indem sie Dugongs verscheuchen, tragen Tigerhaie entscheidend dazu bei, dass das gesamte Seegras-Ökosystem intakt bleibt.

Ohne große Haie könnten Seegräser den Klimawandel nur schwer überstehen. Im Jahr 2011 wurde die Shark Bay von einer Hitzewelle heimgesucht, die ein Viertel aller Seegräser auslöschte. Die Dugongs verließen vorübergehend die Bucht, um nach anderer Nahrung zu suchen. Die Wissenschaftler nutzten die Gelegenheit, um zu untersuchen, was passieren würde, wenn es keine Tigerhaie gäbe. Taucher schwammen hinaus und gaben sich als Dugongs aus, die mit Pflanzkellen Seegräser umgruben, so wie es die grasenden Säugetiere tun würden, wenn es keine großen Haie gäbe, die sie erschreckten. Sie sahen, dass sich die Seegräser nur schwer erholten, weil sie durch das simulierte Grasen der Taucher zu sehr gestört wurden. Anderswo sorgen Tigerhaie wahrscheinlich für subtilere ökologische Auswirkungen, die schwieriger zu erkennen sind, aber wahrscheinlich spielen sie eine größere Rolle bei der Erhaltung eines gesunden Ozeans.

Überall im Pazifik haben sich polynesische Kulturen traditionell die furchterregende Anatomie der Tigerhaie zunutze gemacht. An Dolchen, Schwertern und Speeren sind rasiermesserscharfe Haifischzähne befestigt, die einzeln gebohrt und mit Schnüren an einem hölzernen Sockel befestigt sind, manchmal verflochten mit menschlichen Haarsträhnen. Auf Hawaii wurden sie zu paddelförmigen Waffen geformt, mit denen man einen Feind ausweiden konnte. Die Zähne verschiedener Haiarten werden in traditionellen Waffen verwendet, aber die Zähne von Tigerhaien waren wegen ihrer einzigartigen, doppelt gezackten und seitwärts gerichteten Spitze, die sich perfekt zum Aufschlitzen von Fleisch und Knochen eignet, besonders beliebt. Mit ihren Zähnen können Tigerhaie eine

Vielzahl von Beutetieren fressen und sogar die Panzer von Meeresschildkröten zerkleinern.

Die Zähne sind alles, was von den meisten alten Haiarten übrig geblieben ist, darunter mindestens sechs ausgestorbene Arten von Tigerhaien (heute gibt es nur noch ein lebendes Mitglied der Gattung *Galeocerdo*). Haiskelette, die aus weichem Knorpel und nicht aus harten Knochen bestehen, versteinern nicht so leicht. Äußerst seltene fossile Haiwirbel, die kürzlich in Maryland gefunden wurden, haben Beweise für uralte Kämpfe zwischen Haien zutage gefördert. Die Fossilien datieren zwischen 23 und 2,5 Millionen Jahre zurück, als Megalodon-Haie (*Otodus megalodon*) die Ozeane durchstreiften. Die Rückgrate, von denen eines von einem alten Tigerhai stammen könnte, sind mit Haifischbisswunden übersät. In einigen stecken sogar noch versteinerte Haizähne, und eines zeigt Anzeichen von Heilung, was darauf hindeutet, dass es sich nicht um einen tödlichen Angriff handelte.

Im heutigen Ozean ist es nicht ungewöhnlich, dass sich Haie gegenseitig jagen, noch bevor sie geboren werden. Sandtigerhaie (*Carcharias taurus*) sind entfernte Verwandte der Tigerhaie. Die Weibchen paaren sich mit mehreren Männchen und bringen Dutzende von Embryonen in einer zweizinkigen Gebärmutter zur Welt. Noch im Mutterleib schlüpfen die Embryonen, und wenn sie eine Fingerlänge groß sind, beginnen sie, sich gegenseitig anzugreifen und zu fressen, bis nur noch zwei von ihnen übrig sind. Die Zwillinge wachsen weiter und fressen die unbefruchteten Eier ihrer Mutter. Schließlich werden sie mit einer Länge von etwa einem Meter geboren, groß genug, um den meisten anderen Meeresräubern zu entgehen, was ihnen einen hervorragenden Start ins Leben ermöglicht.

INDISCHER OZEAN (UND WELTWEIT)

Mondfisch

Mola mola

Würden Mondfische ihrem wissenschaftlichen Namen *Mola mola* (vom lateinischen Wort für „Mühlstein“) gerecht werden, würden sie sich im Reich der Fische überhaupt nicht gut machen, denn sie würden nach unten sinken … wie ein Stein. In Wirklichkeit tun sie das Gegenteil. Die riesigen grauen, flachen Fische sehen zwar aus wie große Schleifsteine, aber sie schwimmen an der Meeresoberfläche. Früher dachte man, dass sie dies tun, um Energie zu sparen und darauf zu warten, dass Quallen vorbeischwimmen, die sie dann fressen. Es könnte auch sein, dass sie dort liegen, damit Seevögel Parasiten von ihrer Haut picken. Doch mithilfe von elektronischen Etiketten, dem ichthyologischen Äquivalent zu Fitbits, entdeckten Wissenschaftler der Universität Tokio, dass diese Riesen zu langen Jagdausflügen in tiefe, kalte Gewässer abtauchen, dann an die Oberfläche zurückkehren und sich in der Sonne aufwärmen. Ihr Sonnenbad ist der Grund für ihren englischen Namen *Ocean sunfish*. In anderen Sprachen sind sie als Mondfisch bekannt, darunter im Französischen (*poisson lune*), im Isländischen (*tunglfiskur*) und natürlich im Deutschen.

Selbst als winzige Jungfische haben Mondfische etwas unverwechselbar Sternartiges an sich. Sie beginnen ihr Leben als stachelige runde Kugeln, die im Plankton treiben. Diese Jungtiere sind ein Hinweis darauf, dass einige der nahen Verwandten der Mondfische Kugelfische sind. Bald schon verlieren sie jedoch ihre Stacheln, nehmen an Gewicht zu und wachsen mit einer enormen Geschwindigkeit von bis zu einem Kilogramm pro Tag. Ausgewachsen können sie einen Durchmesser von über 3 Metern und ein Gewicht von stolzen 2 Tonnen erreichen. Damit sind sie mit Abstand die schwersten Knochenfische der Welt, im Gegensatz zu den Haien und Rochen mit ihren weichen Knochen.

Die Mondfische haben ihre ungewöhnliche Anatomie im Laufe der Zeit entwickelt, als ihre Vorfahren ihre Schwänze verloren und einen gezackten Pseudoschwanz oder Clavus bekamen. Sie treiben sich mit ihren verlängerten Rücken- und Afterflossen an, die sie mit einer Ruderbewegung hin- und herschwingen, die eher der einer Meeresschildkröte als der eines Fisches ähnelt.

Neben *Mola mola* gibt es mindestens drei weitere Mondfischarten. Die jüngste Entdeckung ist *Mola tecta*, der so genannt wird, weil er lange Zeit unentdeckt durch die Meere schlich (*tecta* bedeutet „versteckt“ auf Lateinisch). Die Forscherin Marianne Nyegaard kam der Art erstmals bei Untersuchungen von DNA-Proben aus der Haut von Mondfischen auf die Spur. Sie fand genetische Sequenzen, die mit keiner der bekannten Arten übereinstimmten. Dann, im Jahr 2014, wurden nach vierjähriger Suche nach den mysteriösen Mondfischen vier von ihnen an einen Strand in Neuseeland gespült. Genetische Tests bestätigten, dass die Tiere endlich aus ihrem Versteck gekommen waren.

INDISCHER OZEAN

Mutterfisch

Materpiscis attenboroughi

In den 1970er Jahren drehte der Tierfilmer und Biologe David Attenborough die bahnbrechende BBC-Fernsehserie *Life on Earth*. In einer Folge wurde eine außergewöhnliche Sammlung von Fischfossilien aus dem australischen Outback gezeigt. Ein Kalksteinhang, die sogenannte Gogo-Formation, markiert die Stelle, an der im Devon vor etwa 380 Millionen Jahren ein riesiges Barriereriff entstand. Um sie herum schwammen uralte Panzerfische, sogenannte Placodermen, die in Felsknollen hervorragend erhalten sind. Paläontologen brechen diese Knollen wie Ostereier auf, um die Fossilien im Inneren freizulegen.

Unter den Fossilien befindet sich ein Fisch in einem Fisch. Zunächst dachte man, es handele sich um die konservierten Überreste der letzten Mahlzeit eines Raubtiers, doch bei näherer Betrachtung entpuppte er sich als ungeborener Embryo, der noch durch eine Nabelschnur mit seiner Mutter verbunden war. Der Paläontologe gab ihm den Namen *Materpiscis* („Mutterfisch“) *attenboroughi*, um das Interesse des Filmemachers an den Gogo-Fossilien zu ehren. Attenborough gab später zu, dass er zunächst erstaunt darüber war, dass dieser besondere Fisch nach ihm benannt wurde. Dies ist das älteste bekannte Beispiel für eine innere Befruchtung und damit der erste Beweis dafür, dass sich urzeitliche Tiere zum Sex zusammenfanden.

Der Paläontologe, der *Materpiscis attenboroughi* den Namen gab, entdeckte auch L-förmige Knochen unter anderen Placoderm-Fossilien und schloss daraus, dass es sich dabei um das Äquivalent der Klaspern eines männlichen Hais handelte, mit denen das Sperma während der Paarung auf das Weibchen übertragen wurde. Er hatte die versteinerten Überreste der ältesten bekannten Genitalien der Welt entdeckt.

Diese Entdeckungen zeigen uns nicht nur, dass es auf der Erde eine lange Geschichte des Geschlechtsverkehrs gegeben hat. Sie zeigen auch, wie anpassungsfähig die Paarungsstrategien der Tiere im Laufe der Äonen waren. Die meisten der heute lebenden Fische gehören zu Linien, die zur älteren Methode der Eiablage und der äußeren Befruchtung zurückgekehrt sind.

Placodermi gibt es nicht mehr, aber sie waren die unbestrittenen fischigen Herrscher der devonischen Meere. Einige waren winzig, andere flach wie die heutigen Stachelrochen, und einige waren wirklich riesig. Der *Dunkleosteus* war 6 Meter lang, hatte einen riesigen gepanzerten Kopf und ein grausames Maul, das wie eine riesige, selbstschärfende Gartenschere aussah. Haie waren zu dieser Zeit nur etwa einen Meter lang und für den *Dunkleosteus* ein leichter Snack. Man nimmt an, dass der *Dunkleosteus* nur seine eigene Art fürchten musste. Es wurden Fossilien mit zertrümmerten und durchlöcherten Panzern gefunden – die Überreste eines epischen Kampfes zwischen Giganten.

INDISCHER OZEAN

Gemeines Perlboot

Nautilus pompilius

Das Gehäuse eines Gemeinen Perlbootes ist innen und außen wunderschön anzusehen. Die rotbraunen Tigerstreifen sind eine Art Tarnung, die den Umriss auflockern und es einem Räuber erschweren, das Perlboot schon aus der Ferne zu erkennen. Schneidet man ein leeres Gehäuse in zwei gleiche Teile, links und rechts, kommt eine elegante Spirale zum Vorschein. Diese Art von (logarithmischer) Spirale ist in der Natur weit verbreitet, von Spinnennetzen bis zu den Spiralarmen der Galaxien. Sie beruht auf einer einfachen mathematischen Regel: Die Spirale muss bei jeder vollständigen Umdrehung um den gleichen Betrag größer werden. Einem Gemeinen Perlboot gelingt dies, indem es selbst größer wird, seiner harten Schale mehr Kalziumkarbonat hinzufügt und seinen Körper nach vorn schiebt, bevor er eine neue Kammer hinter sich verschließt.

Es gibt sechs lebende Arten von Perlbooten. Sie alle gehören zu den Kopffüßern, zusammen mit ihren Verwandten, den Kalmaren, Kraken, Papierbooten und Tintenfischen. Perlboote zeichnen sich dadurch aus, dass sie die einzigen Kopffüßer sind, die dauerhaft in einer Schale leben. Ihre Schalen sind mit glänzendem Perlmutt ausgekleidet, daher auch ihr anderer Name: Perlmutt-Nautilus. Diese schimmernden, spiralförmigen Muscheln waren bei Sammlern im viktorianischen Zeitalter sehr beliebt und gehörten in ganz Europa zum Inventar von Kuriositätenkabinetten. Oft wurden Perlboot-„Schalen“ mit komplizierten Mustern geätzt und in goldenen Halterungen präsentiert.

In Felsen auf der ganzen Welt finden sich massenhaft spiralförmige Fossilien, die den Perlbooten ähneln. In Wirklichkeit gehörten diese Muscheln zu ihren uralten Verwandten. Ammoniten durchstreiften die Meere des Jura und der Kreidezeit in großer Fülle und Vielfalt, und ihre versteinerten Überreste verraten viel darüber, wie die Ozeane einst aussahen.

Die Bandbreite der Ammoniten reichte von münzgroßen Winzlingen bis hin zu Riesen, die so groß waren wie Reifen von Monstertrucks. Der größte bekannte fossile Ammonit, *Parapuzosia seppenradensis*, wurde in Deutschland gefunden und war im vollständigen Zustand wahrscheinlich mindestens 3 Meter groß. Einige Ammoniten hatten keine glatten, spiralförmigen Schalen, sondern wuchsen in seltsamen Formen. *Helioceras* sahen aus wie stachelige Korkenzieher und drehten möglicherweise Pirouetten durch die Wassersäule. Die Schalen von *Nipponites* waren eng verknotet wie ein verwickelter Staubsaugerschlauch, während *Diplomoceras* riesigen Büroklammern ähnelten.

Seit Jahrtausenden haben Menschen fossile Ammoniten gefunden und ihnen alle Arten von Mystik und Bedeutung zugeschrieben. Die Europäer nannten sie gemeinhin Schlangensteine und ritzten ihnen oft den fehlenden Kopf ein. Eine Legende aus dem 7. Jahrhundert aus Nordengland erzählt, dass die heilige Hilda eine Abtei in Whitby gründete und die Gegend zunächst von Schlangen befreite, indem sie sie in Stein verwandelte und von einer Klippe warf. Andere Geschichten erzählen von Feen, die in Schlangen verwandelt und dann versteinert wurden. In Teilen Schottlands waren sie als „Krampfsteine“ bekannt und wurden in das Trinkwasser der Kühe gelegt, um die Tiere von Krämpfen zu heilen. Im alten Rom glaubte man, in die Zukunft sehen zu können, wenn man mit einem goldenen Ammoniten (einem mit dem glänzenden Mineral Pyrit überzogenen Stein) unter dem Kopfkissen schlief. Schwarze Ammoniten aus dem Himalaya sind als Shaligramme bekannt und werden in der hinduistischen Kultur als Darstellungen des Gottes Vishnu verehrt.

Der Name „Ammonit“ leitet sich von der ägyptischen Gottheit Amun ab, die später von den alten Griechen in Ammon umbenannt und üblicherweise mit einem Paar Widderhörnern dargestellt wurde. Der römische Philosoph und Naturforscher Plinius der Ältere war einer der ersten Autoren, der die Verbindung zwischen der Kopfbedeckung des antiken Gottes und den spiralförmigen Fossilien herstellte.

Ein Rätsel, das Paläontologen umtreibt, ist die Frage, warum Perlboote heute noch leben, aber niemand jemals einen lebenden Ammoniten gesehen hat. Soweit wir wissen, starben die letzten Ammoniten vor 66 Millionen Jahren aus, etwa zur selben Zeit wie die Dinosaurier. Zu dieser Zeit schlug ein riesiger Asteroid auf der Erde ein, und gewaltige Vulkane brachen aus, die Schwefel und Kohlendioxid ausstießen, wodurch die Meere sauer wurden. Einer Theorie zufolge waren die Larven der Ammoniten winzig und lebten in flachen Meeren, sodass ihre Schalen korrodierten, als der pH-Wert sank. In der Zwischenzeit könnten die Vorfahren der Perlboote dank ihrer größeren, robusteren Larven überlebt haben, indem sie tief im Meer lebten, wie es heute die Gemeinen Perlboote tun.

Der überlebende Perlboot-Stamm steht nun vor weiteren Problemen. Ihre schönen Muscheln sind nach wie vor als Schmuck und Dekoration sehr begehrt, und statt leere Muscheln zu sammeln, die an den Stränden angespült werden, legen Menschen jetzt Fallen mit Ködern aus und fangen lebende Perlboote aus der Tiefe. Nach mehreren Massenaussterben müssen sich die Gemeinen Perlboote also mit einem weiteren Aussterben auseinandersetzen, das diesmal vom Menschen verursacht wird.

INDISCHER OZEAN (UND WELTWEIT)

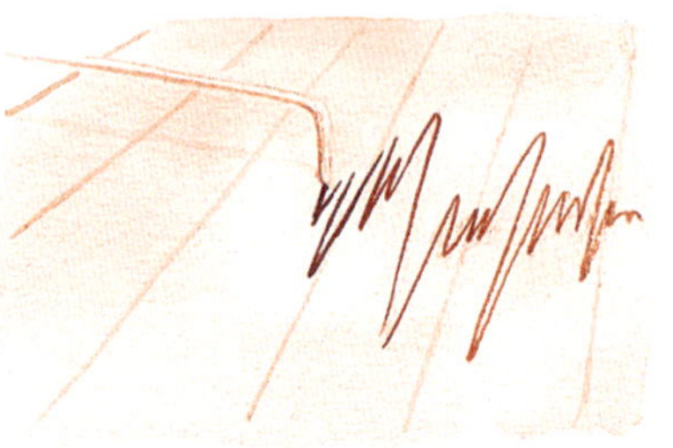

Riemenfisch

Regalecus glesne

Mit einer Länge von bis zu 8 Metern sind die Riemenfische die längsten lebenden Knochenfische. Sie sind sehr geheimnisvoll und werden selten lebend gesehen. Wenn diese schlangenförmigen Fische an der Küste angespült werden, oft nach Stürmen, glauben viele Menschen, dass sie uns etwas Wichtiges zu sagen haben. In der japanischen Mythologie ist ein gestrandeter Riemenfisch eine Warnung vor einer bevorstehenden Katastrophe, höchstwahrscheinlich einem Erdbeben. Forscher haben diese Idee vor Kurzem überprüft, indem sie Berichte über gestrandete Riemenfische und andere Fische aus tiefen Gewässern sammelten und mit dem Auftreten großer Erdbeben abglichen. Von Hunderten von Berichten, die bis in die 1920er Jahre zurückreichen, gab es nur einen einzigen Fall, bei dem ein Riemenfisch innerhalb von 30 Tagen und 100 Kilometern vom Epizentrum eines Erdbebens gestrandet war. Ansonsten findet sich kein Hinweis, dass seismische Erschütterungen die in der Tiefe lebenden Fische so sehr beunruhigen, dass sie an die Oberfläche kommen und sich an Land stürzen.

Der Name Riemenfisch stammt aus einer Zeit, als noch niemand ein lebendes Exemplar gesehen hatte. Damals glaubte man, dass sie schwimmen, indem sie mit ihren Beckenflossen, die wie Luftschlangen aussehen, durch das Wasser rudern. Zeitgenössische Aufnahmen von Tauchbooten haben gezeigt, dass Riemenfische ihren Körper kerzengerade halten und die Rückenflosse, die den ganzen Rücken entlangläuft, rhythmisch bewegen. Zum Fressen hängen sie senkrecht mit dem Kopf nach oben, vielleicht damit sie die Silhouetten von Kalmaren, Fischen und Garnelen im Wasser über ihnen erkennen. Ein so langer Körper hat natürlich auch Nachteile. Die meisten gestrandeten Riemenfische zeigen Anzeichen dafür, dass sie sich irgendwann selbst einen Teil ihres Schwanzes abgetrennt haben. Vielleicht tun sie dies, genau wie Eidechsen und Geckos, um einen Angreifer abzulenken und ihm zu entkommen. Aber im Gegensatz zu diesen Reptilien wächst der Schwanz bei Riemenfischen nicht nach.

INDISCHER OZEAN (UND WELTWEIT)

Seegurke

Holothuroidea

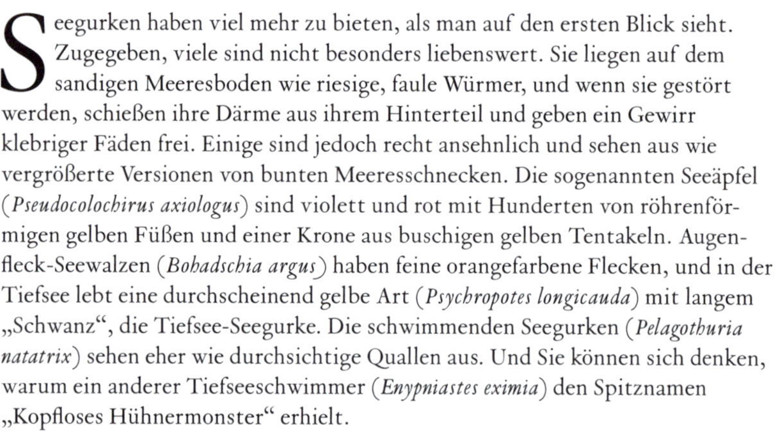

Seegurken haben viel mehr zu bieten, als man auf den ersten Blick sieht. Zugegeben, viele sind nicht besonders liebenswert. Sie liegen auf dem sandigen Meeresboden wie riesige, faule Würmer, und wenn sie gestört werden, schießen ihre Därme aus ihrem Hinterteil und geben ein Gewirr klebriger Fäden frei. Einige sind jedoch recht ansehnlich und sehen aus wie vergrößerte Versionen von bunten Meeresschnecken. Die sogenannten Seeäpfel (*Pseudocolochirus axiologus*) sind violett und rot mit Hunderten von röhrenförmigen gelben Füßen und einer Krone aus buschigen gelben Tentakeln. Augenfleck-Seewalzen (*Bohadschia argus*) haben feine orangefarbene Flecken, und in der Tiefsee lebt eine durchscheinend gelbe Art (*Psychropotes longicauda*) mit langem „Schwanz", die Tiefsee-Seegurke. Die schwimmenden Seegurken (*Pelagothuria natatrix*) sehen eher wie durchsichtige Quallen aus. Und Sie können sich denken, warum ein anderer Tiefseeschwimmer (*Enypniastes eximia*) den Spitznamen „Kopfloses Hühnermonster" erhielt.

Seegurken gehören zur gleichen Gruppe wie Seesterne und Seeigel, und es gibt mehr als 1000 Arten weltweit. Seit Jahrhunderten haben sie ihre Spuren im Leben der Menschen hinterlassen – durch den Handel mit der asiatischen Delikatesse *trepang* oder *bêche-de-mer*. Die gesalzenen und getrockneten Seegurken werden als kulinarische Zutat und Aphrodisiakum geschätzt. Ein Gericht, das als „Buddha springt über die Mauer" bekannt ist, mischt tierische Zutaten wie Haifischflossen und Seegurken und ist angeblich so köstlich, dass vegetarische buddhistische Mönche die Mauern ihrer Tempel erklimmen, um etwas davon zu bekommen.

Im 18. Jahrhundert konzentrierte sich die Seegurkenfischerei auf die Insel Sulawesi in Indonesien und breitete sich bis in den Norden Australiens aus. Heute ist der Fischfang aufgrund der starken Nachfrage der chinesischen Mittelschicht global geworden. Die Preise sind in die Höhe geschossen, und einige Arten werden für Tausende von Dollar pro Kilogramm verkauft. Organisierte Verbrecherbanden sind in das Geschäft eingestiegen, und Wilderei und Schmuggel sind weit verbreitet. Vielerorts sind die Seegurkenpopulationen fast verschwunden und hinterlassen in den Ökosystemen dort eine schmerzliche Lücke.

Ähnlich wie Regenwürmer zu einem gesunden Boden beitragen, unterstützen Seegurken das gesunde Ökosystem der Meere. Viele Arten sind hervorragende Bioturbatoren, das heißt, sie vergraben sich in Sand und Schlamm und belüften und durchmischen das Sediment. Wissenschaftler schätzen, dass das Riff um Heron Island am Great Barrier Reef 3 Millionen Seegurken beherbergt, die jedes Jahr insgesamt 64.000 Tonnen Sediment durch ihre Eingeweide befördern.

Seegurken säubern das Sediment und recyceln Nährstoffe. Sie setzen Kalziumkarbonat frei, das das Wachstum der Korallen fördert. Mehr als 200 Tierarten leben auf und in Seegurken, darunter Schnecken, Krebse, Garnelen, Würmer und sogar andere Seegurken. Eingeweidefische (Carapidae) leben auf dem Atmungsbaum, den Atmungsorganen der Seegurken, die sich direkt in ihrem Anus befinden. Um ein- und auszusteigen, warten Eingeweidefische einfach darauf, dass die Seegurke Luft holt.

PAZIFIK

Falscher Clownfisch

Amphiprion ocellaris

Dank eines bekannten Pixar-Zeichentrickfilms sind mehrere Arten von Korallenriff-Fischen berühmt geworden – insbesondere die mit den charakteristischen orange-weißen Streifen, die Falschen Clownfische (auch Orangeringel-Anemonenfische genannt). Die Geschichte des Clownfisches namens Nemo, der sich verirrt, enthält eine ganze Reihe korrekter biologischer Fakten. Weibliche Clownfische legen in der Tat Gelege in der Nähe einer Seeanemone ab, und sie sind stark gefährdet, Opfer von Raubtieren zu werden (Nemo hat alle seine Geschwister verloren). Allerdings haben die Filmemacher einige Details weggelassen, die eine ganz andere Geschichte ergeben hätten. Als zum Beispiel Nemos Mutter verschwand, hätte sein Vater spontan eine Geschlechtsumwandlung vollzogen, sich in ein Weibchen verwandelt und die Führung über die Anemone übernommen.

Unter den Clownfischen herrscht eine strenge Hierarchie. Jede Anemone beherbergt ein einziges Weibchen. Sie ist immer der größte, dominante Fisch und ihr Partner ist ein großes Männchen. Die übrigen Clownfische sind untergeordnete Fische, die sich noch nicht paaren, entweder Männchen oder Weibchen. Anhand ihrer Größe kann man feststellen, wo jeder von ihnen in der Hackordnung steht: Die kleinsten sind die Neuankömmlinge am unteren Ende der Hierarchie, gefolgt von den etwas größeren und den großen Fischen. Wenn man sie in einer Reihe aufstellt, sehen sie aus wie russische Matrjoschka-Puppen in Fischform, wobei die kleineren identische Miniaturversionen der ranghöheren Fische sind.

Die Gefahr, von dem dominanteren Fisch aus der Anemone geworfen zu werden, reicht aus, um die Untergebenen auf Linie zu halten. Sie passen ihre Nahrungsmenge an, um klein zu bleiben, und warten, bis sie an der Reihe sind, die soziale Leiter hinaufzuklettern. Es kann 10 oder sogar 20 Jahre dauern, bis ein Clownfisch in die Spitze aufsteigt und einer der beiden größten Fische wird – diejenigen, die sich fortpflanzen dürfen. Der Grund, warum sie warten, ist, dass es nur ein begrenztes Angebot an Anemonengrundstücken gibt, in die sie einziehen können. Clownfische suchen sich am besten eine Anemone, bei der die Warteschlange nicht zu lang ist, und bleiben so lange wie nötig dort.

Findet Nemo hat die Kinobesucher nicht nur dazu gebracht, sich in diese niedlichen orangefarbenen Fische zu verlieben, sondern zeigt auch ein einzigartiges Beispiel für Symbiose. Die Tatsache, dass Clownfische diese besonderen Wirte als Lebenspartner angenommen haben, ist bemerkenswert. Normalerweise töten und fressen Anemonen kleine Fische. Anemonen sind enge Verwandte der Korallen und Quallen, und wie diese verfügen sie über stechende Nematocysten, die ihre Beute lähmen. Es ist immer noch ein Rätsel, wie genau sich Clownfische

gegen die Stacheln immunisieren, aber es ist wahrscheinlich, dass Schleim eine Rolle spielt. Man kann die Fische dabei beobachten, wie sie sich energisch am Fuß ihrer Anemone reiben und dabei Schleim auf ihrer Haut verteilen. Eine Erklärung ist, dass die Schleimschicht so dick wird, dass sie die Stiche abblockt. Eine andere ist, dass die Chemikalien im Schleim die Anemone glauben lassen, dass die Fische nur mit Teilen ihres eigenen Körpers herumzappeln und sie nicht angreifen.

Klar ist, dass dies eine echte Partnerschaft ist, von der sowohl die Fische als auch die Anemonen profitieren. Für die Fische bieten die stechenden Tentakel ein sicheres Zuhause – so sehr, dass sie völlig abhängig von ihren Anemonen geworden sind und ohne sie nicht überleben können. Auch die Anemonen überleben besser und werden größer, wenn Fische mit ihnen leben. Tagsüber jagen die Clownfische Falterfische, die gerne an den Tentakeln der Anemone knabbern. Nachts verkriechen sich die Fische zwischen den Tentakeln, wo sie nicht einschlafen, sondern weiter zappeln. Dadurch strömt frisches, sauerstoffreiches Meerwasser ein, das den Anemonen beim Atmen und Wachsen hilft. Auch der Harn der Clownfische ist gut für die Anemonen, denn er enthält Stickstoff, der die winzigen Algen im Inneren der Tentakel düngt. Dies ist eine weitere symbiotische Partnerschaft: Die Algen leben sicher im Inneren der Anemone und produzieren Sauerstoff und Zucker, die der Anemone beim Wachstum helfen.

INDISCHER OZEAN

Boxerkrabbe

Lybia tessellata

In einer Studie aus dem Jahr 1880 über Krebstiere, die um Mauritius und die Seychellen im Indischen Ozean leben, wurde kurz auf eine kleine Krabbe hingewiesen, die mit jeder Schere eine lebende Seeanemone packt und sie herumschwenkt. Dies war der erste Bericht über das ungewöhnliche Verhalten der Boxerkrabben, die auch als Pomponkrabben bekannt sind (wenn Sie im Internet suchen, finden Sie Gifs, die ihr prächtiges Hin- und Herwinken zeigen). Die Krabben sind vollständig von ihren lebenden Boxhandschuhen abhängig und wurden in freier Wildbahn noch nie ohne ein Paar gesichtet. Sie halten sich mit speziellen Haken an den Anemonen fest, sodass ihre Scheren für nichts anderes mehr zu gebrauchen sind.

Wenn Wissenschaftler einer Krabbe im Labor eine Anemone wegnehmen, reißt sie die andere einfach in zwei Teile. Die gespaltenen Anemonenstücke regenerieren sich dann zu zwei ganzen Tieren. Ebenso kämpfen Krabben ohne Anemonen gegen andere Krabben und stehlen ihnen eine oder beide Anemonen. Krabben winken einander mit ihren stechenden Handschuhen zu, wenn sie sich vor einem Kampf abgrenzen, aber sie prügeln sich nur selten und benutzen sie auch nicht als Waffe. Sie benutzen die Anemonen vor allem zur Nahrungsbeschaffung und stechen ihre Beute, bevor sie sie verspeisen.

Die Anemonen genießen einige Vorteile, wenn sie von einer Krabbe gepackt werden. Sie können sich in sauerstoffreicherem Wasser, das sonst um sie herum stillsteht, besser bewegen und atmen (aus dem gleichen Grund wachsen Anemonen besser mit zappelnden Clownfischen). Aber ihre Nahrungsversorgung ist stark eingeschränkt. Als Wissenschaftler die Anemonen von ihren Krabben trennten, verdreifachten sie ihre Größe fast. Es stellte sich heraus, dass die Krabben den Anemonen die Nahrung – direkt aus dem Maul – stehlen, damit sie klein genug bleiben, um sich daran festzuhalten. Dies sind Bonsai-Anemonen.

Andere Krabben, im Allgemeinen als Dekorateurkrabben bekannt, sammeln verschiedene Tiere und Algen und befestigen sie mit Borsten, die wie Klettverschlüsse wirken, an ihren Schalen. Diese Dekorationen können der Tarnung oder der Verteidigung dienen. Manche Krabben bedecken ihren ganzen Körper mit Seeanemonen, andere laufen mit stacheligen Seeigeln auf dem Rücken herum, wieder andere suchen sich bunte, giftige Schwämme, die Raubtiere auf Abstand halten sollen, und wieder andere hüllen sich in so viele Algen ein, dass man kaum noch erkennen kann, dass sich darunter eine Krabbe befindet.

INDISCHER OZEAN (UND WELTWEIT)

Schlammspringer

Periophthalmus (Oxudercidae)

Schlammspringer haben kein Problem damit, ein Fisch außerhalb des Wassers zu sein. Sie verbringen etwa 90 Prozent ihrer Zeit an Land, stolzieren über klebrige Schlammflächen und klettern durch Mangrovenwälder. Wie Frösche und Salamander atmen Schlammspringer durch ihre Haut, die reichlich Blut enthält und mit einer Schleimschicht überzogen ist, die sie vor dem Austrocknen schützt. Schlammspringer atmen auch durch die Haut im Inneren ihrer wulstigen Wangen. Riesenschlammspringer (*Periophthalmodon schlosseri*) haben Wangen, die etwa ein Viertel ihres Körpervolumens ausmachen. Sie können an Land besser atmen als im Wasser.

Wie die Amphibien haben auch Schlammspringer froschartige Augen, die hoch auf dem Kopf sitzen und mit denen sie aus dem Wasser schauen. Jedes Auge ist schwenkbar, sodass sie fast 360 Grad sehen können. Schlammspringer verhindern, dass ihre Augen austrocknen, indem sie sie in mit Flüssigkeit gefüllte Schalen auf dem Kopf eintauchen.

Mehr als 30 Arten von Schlammspringern leben weltweit zwischen den Gezeiten, allesamt Grundelartige. Viele sind sehr auf ihr Territorium fixiert und verjagen Eindringlinge aggressiv. Während der Paarungszeit entwickeln männliche Schlammspringer leuchtend blaue Flecken auf ihrer Haut und führen beeindruckende Sprungwettbewerbe durch, vermutlich um die Weibchen zu beeindrucken, indem sie versuchen, am höchsten zu springen. Blaupunkt-Schlammspringer (*Boleophthalmus boddarti*) bauen kleine Mauern aus Schlamm, um ihr Revier abzugrenzen. Wie Gartenzäune helfen diese den Fischen, friedlich mit ihren Nachbarn zusammenzuleben. Als Wissenschaftler diese Mauern entfernten, wurden die Schlammspringer wütend aufeinander, bis die Trennwände wieder aufgebaut wurden und die Fische sich wieder beruhigten.

Schlammspringer gehören zu mindestens 12 Gruppen von lebenden Fischen, die Schritte in Richtung Land unternommen haben. Keiner von ihnen ist der Fisch, der ursprünglich aus dem Meer kroch und aus dem alle landbewohnenden Wirbeltiere hervorgingen: die Amphibien, Reptilien, Vögel und Säugetiere. Das geschah vor etwa 400 Millionen Jahren, als die entfernten Vorfahren der lebenden Fische (die sogenannten Tetrapoden) endgültig das Land verließen. Schlammspringer und andere amphibische Fische haben sich erst in jüngerer Zeit so entwickelt, dass sie teilweise außerhalb des Wassers leben, aber sie geben Hinweise darauf, wie die alten Tiere den Übergang wahrscheinlich vollzogen. Wissenschaftler haben vor Kurzem die DNA mehrerer Schlammspringerarten sequenziert und Veränderungen in ihren Genen gefunden, darunter solche, die ihnen helfen, außerhalb des Wassers zu sehen, und solche, die ihre Immunität gegen Krankheiten stärken, die sie sich beim Übergang an Land einfangen könnten.

Landbewohnende Fische müssen auch das Laufen lernen. Schlammspringer benutzen ihre Brustflossen wie steife Gehhilfen und treiben sich mit ihren kräftigen Schwänzen an. Süßwasserfische aus Flüssen und Sümpfen in Afrika, die Flösselhechte (aus der Familie der Polypteridae), sehen aus wie kleine lächelnde Schlangen mit glänzenden Schuppen. Wenn der Wasserstand sinkt, krabbeln sie auf ihren Brustflossen weiter und lernen schnell, besser zu laufen. Wenn Wissenschaftler Flösselhechte in feuchten Aquarienbecken ohne Zugang zu Wasser halten, nehmen sie innerhalb eines Jahres eine effizientere Gangart an. Die Fische gehen mit hoch erhobenem Kopf, sie setzen ihre Flossen fester auf den Boden, und ihre Muskeln und Knochen passen sich an einen gehenden Lebensstil an.

Die wohl flinksten laufenden Fische sind diejenigen, die Wasserfälle hinaufklettern können. Die Nopoli-Klettergrundeln (*Sicyopterus stimpsoni*) sind auf Hawaii beheimatet, wo sie als „o'opu nopili" bekannt sind. Sie klettern gegen die Strömung des Wassers, indem sie sich mit ihren Mäulern und Saugnäpfen an den Bauchflossen nach oben hangeln. Diese fingergroßen Fische können Hunderte von Metern hohe Wasserfälle erklimmen. Sie tun dies, um ihre Eier flussaufwärts abzulegen. Nach dem Schlüpfen werden die Jungfische sofort den Wasserfall hinunter und ins Meer gespült. Sechs Monate später, wenn sie größer sind, klettern sie wieder den ganzen Weg hinauf.

Neben Fischen, die wie Frösche Luft atmen, gibt es verschiedene Arten mit Lungen, die sich möglicherweise zuerst entwickelt und später an das gasgefüllte Schwimmgerät angepasst haben, das viele Fische noch besitzen, die Schwimmblase. Viele Fische mit Lungen sind obligate Luftatmer, darunter Lungenfische (in der Unterklasse Dipnoi) und Buntbarsche, und ersticken, wenn sie nicht an die Oberfläche gelangen können. Diese Fische können ertrinken.

INDISCHER OZEAN

Kaurischnecke

Monetaria moneta

Das Abtasten und der Klang einer Handvoll kleiner Kaurischnecken, die wie glatte Murmeln aneinanderklimpern, haben etwas Angenehmes. Im Leben bedecken die Kaurischnecken ihre Muscheln mit einem weichen Mantel zarter Zebrastreifen, der dazu beiträgt, dass sie glatt und glänzend bleiben. Sie leben in tropischen Korallenriffen, versteckt in Felsspalten, und ihre leeren Schalen werden häufig an die Strände gespült.

Menschen auf der ganzen Welt verwendeten Kaurischnecken als Schmuck, als Symbol für Reinheit, Fruchtbarkeit und Erneuerung. Kaurischnecken wurden über die Augen von Toten in ihren Gräbern gelegt. Eine alte Gruppe reitender Nomaden in Zentralasien, die Skythen, haben vielleicht nie das Meer gesehen, aber ihre Toten mit Kaurischnecken begraben. Und jahrhundertelang sammelten die Menschen auf den Malediven im Indischen Ozean Kaurischnecken, indem sie Kokosnusspalmen ins Meer warfen, unter die die kleinen Schnecken krabbeln und sich dort verstecken. Die maledivischen Kaurischnecken schickte man nach Indien, wo sie gegen Reis und Stoffe eingetauscht wurden. Arabische Händler brachten die Kaurischnecken von Indien nach Ägypten und bis nach Westafrika, wo sie im 14. Jahrhundert als Zahlungsmittel eingeführt wurden.

Der Handel mit Kaurischnecken blieb relativ bescheiden, bis europäische Händler auf den Plan traten und ihre eigene, grausige Verwendung für die Muscheln fanden. Niederländische und britische Kaufleute segelten nach Südostasien und China, um Tee, Gewürze und Seide zu kaufen, und legten dann in indischen Häfen an, um sich mit billigen Kaurischnecken einzudecken, die als Ballast verwendet wurden, um ihre Schiffe in den hohen Wellen zu stabilisieren. Die Kaurischnecken wurden in Europa entladen, wo sie dann zum Kauf von Menschen verwendet wurden.

Während des transatlantischen Sklavenhandels stieg der Preis pro Person von etwa 10.000 auf 160.000 Kaurischnecken. Insgesamt wurden etwa 30 Milliarden maledivische Kaurischnecken in Westafrika gegen Menschen getauscht. Als der Sklavenhandel schließlich endete, wurden die Kaurischnecken stattdessen gegen Palmöl getauscht, das auf westafrikanischen Plantagen angebaut wurde. Eine zweite Kaurischneckenart, die Goldring-Kauri (*Monetaria annulus*) aus Sansibar, kam im 19. Jahrhundert in den Handel. Innerhalb von 20 Jahren überschwemmten etwa 16 Milliarden Goldring-Kauris den Markt, was zu Hyperinflation und Abwertung führte, bis die Kaurischnecken wieder nur noch eine angenehme Handvoll glatter Formen waren.

INDISCHER OZEAN

Riesenmuräne

Gymnothorax javanicus

Muränen sind furchterregende, nachtaktive Raubtiere in Korallenriffen. Sie haben einige Eigenschaften, die sie für andere Fische besonders gefährlich machen. Ihr Maul ist nicht nur mit scharfen Reißzähnen besetzt, sondern sie haben auch ein zweites Gebiss, das weiter hinten sitzt, die sogenannten Pharyngealia. Diese ähneln den Zähnen, mit denen Papageifische Korallen und knackige Algen zerkleinern. Die Kiefer der Muränen sind Greifzähne. Sie haben sich so entwickelt, dass sie nach vorn schießen und ihre Beute packen, um sie dann in den Rachen zu ziehen – ein einzigartiges Verhalten unter Tieren.

Darüber hinaus können Muränen aufgrund ihres langen, schlanken Körpers in die Spalten der Riffe schlüpfen und Beute jagen, die sich sonst in Sicherheit wähnte. Aus diesem Grund hat ein anderer Korallenriff-Räuber, der Panther-Forellenbarsch (*Plectropomus pessuliferus*) aus der Familie der Zackenbarsche, gelernt, mit Riesenmuränen zu jagen. Eine solche Zusammenarbeit zwischen den Arten ist selten, insbesondere bei Fischen. Zackenbarsche suchen aktiv nach Muränen an deren Tagesruheplätzen. Sie schwimmen direkt auf eine Muräne zu und schütteln ihren Kopf schnell hin und her. Es ist recht ungewöhnlich im Tierreich, dass verschiedene Arten auf diese Weise kommunizieren. Wenn die Muräne das Signal des Zackenbarsches sieht, regt sie sich und beide schwimmen gemeinsam zur Jagd. Der schnell schwimmende Zackenbarsch jagt den Beutefischen hinterher. Wenn die Beute ins Riff rutscht, taucht die Muräne nach ihr und frisst sie entweder oder spült sie zum wartenden Zackenbarsch, der sie verschlingt. Der Zackenbarsch hat ein besseres Sehvermögen als die Muräne. Wenn er weiß, wo sich ein Fisch versteckt, zeigt er der Muräne mit seiner Schnauze an, wo sie ihn finden kann. Wissenschaftler haben das Team aus Zackenbarsch und Muräne stundenlang bei der Jagd beobachtet und festgestellt, dass beide Arten auf diese Weise besser zurechtkommen und mehr zu fressen bekommen, als wenn sie allein jagen.

Weltweit gibt es mindestens 200 Muränenarten, einige in gemäßigten Meeren, die meisten jedoch in tropischen Korallenriffen, wo sie sich von Putzerlippfischen die Zähne putzen lassen. Verschiedene Arten, insbesondere die Sternfleckenmuräne (*Echidna nebulosa*) mit ihren leuchtend gelben Augen und ihrer gesprenkelten Haut, sind bei Aquarianern sehr beliebt.

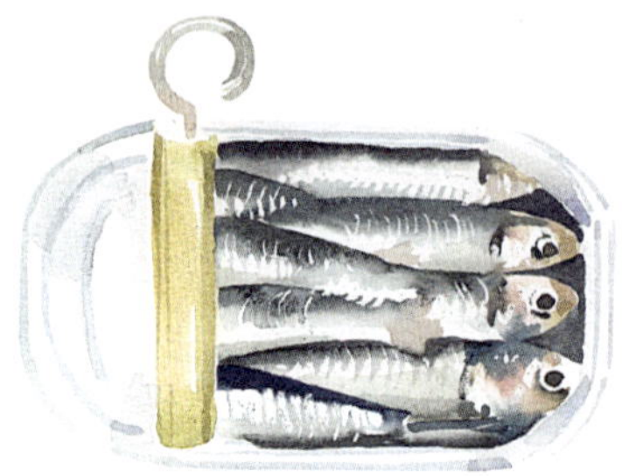

INDISCHER OZEAN (UND WELTWEIT)

Pazifische Sardine

Sardinops sagax

Etwa ein Viertel aller Fischarten, die durch die Meere schwimmen, tun dies in enger Gesellschaft mit anderen Fischen. Wenn sie auf sich allein gestellt sind, werden sie sofort unruhig. Zu den eindrucksvollsten Arten gehören die Sardinen – austauschbare Namen für eine Vielzahl kleiner, silbriger Fischarten, die ständig in Schwärmen zusammenleben. Jedes Jahr von Mai bis Juli zieht sich ein spektakulärer Sardinenlauf an der südöstlichen Küste Afrikas entlang. Milliarden von südafrikanischen Sardinen versammeln sich zum Laichen und wandern in den kühleren Gewässern von der Agulhas-Bank in Richtung Mosambik nach Norden. Dieser Fischreichtum zieht eine Vielzahl von Raubtieren an. Brydewale, Kaptölpel, Gemeine Delfine und Bronzehaie mischen sich in das Getümmel.

Der Unterschied zwischen einem Schwarm und einer Schule ist einfach eine Frage der Organisation. In einem Schwarm halten sich alle Fische gemeinsam auf und schwimmen im Allgemeinen in die gleiche Richtung. Ein Schwarm wird zu einer Schule, wenn die Fische ihre Bewegungen enger koordinieren und oft auf einen bestimmten Ort zu- oder von ihm wegschwimmen.

Wenn Sardinen und andere Fische in eng koordinierten Schulen schwimmen, scheinen sie Teil eines zielstrebigen Superorganismus zu werden, der einheitlich denkt. Tatsächlich aber trifft jeder Fisch seine eigenen Entscheidungen über die Geschwindigkeit und Richtung, in die er schwimmt. Eine der einfachen Regeln lautet, immer zwei Körperlängen Abstand zum Vordermann zu halten. Druckempfindliche Poren am Körper der Fische ermöglichen es ihnen, die Position der anderen Fische in ihrer Umgebung zu erkennen. Einzelne Fische haben auch ihren bevorzugten Platz innerhalb einer Schule: Einige führen gern, andere folgen lieber. Außerdem halten sie sich in der Regel entweder auf der linken oder auf der rechten Seite der Schule auf.

Das Schwimmen in Schwärmen und Schulen bringt verschiedene Vorteile mit sich, von denen der offensichtlichste die allgemeine Regel der Sicherheit in der Menge ist. Wenn man sich in eine Gruppe von Fischen ähnlicher Größe und Form einfügt, ist es viel unwahrscheinlicher, dass ein einzelner Fisch herausgegriffen und gefangen wird. Das gemeinsame Schwimmen spart zudem Energie, wie beim Radfahren in einem Peloton. Wissenschaftler und Wissenschaftlerinnen, die sich mit der Bildung von Fischschulen beschäftigten, fanden heraus, dass sich die einzelnen Fische genau an der richtigen Stelle positionieren, um durch den turbulenten Sog, den ihre Nachbarn erzeugen, einen zusätzlichen Schub zu erhalten. Wenn man dies in der Energiegewinnung nachahmt, indem man Windturbinen in einer ähnlichen Anordnung aufstellt, führt dies zu einer größeren Effizienz.

Wenn Fischschulen angegriffen werden, koordinieren sie sich noch besser und teilen sich in zwei Teile, wenn ein Hai oder Delfin durch sie hindurchfährt, um sich dann hinter ihnen wieder zu formieren. Und wenn die Gefahr größer wird, schließt sich die Schule zu einem wirbelnden, rasenden Köderball zusammen. Jeder Fisch taucht in das Zentrum der Kugel und versucht, sich hinter seinen Kameraden zu verstecken und so weit wie möglich vor den Jägern zu fliehen. Oft erliegt jedoch der ganze Köderball dem Angriff, wenn eine Delfinschar ihn von unten und von den Seiten her aufpickt, tauchende Vögel sich von oben herabstürzen oder ein riesiger Bartenwal vorbeikommt und den ganzen Schwarm in einem Schluck verschlingt.

Auch der Mensch profitiert vom Schwarm- und Schulverhalten der Fische. So können Fischernetze riesige Mengen an Fischen auf einen Schlag fangen. Besonders wichtig in der Geschichte der Fischerei sind Beutefische, also Sardinen, Sprotten, Heringe, Sardellen, Maifische, Menhaden und andere, die von größeren Meeresräubern gefressen werden. Beutefische wurden in der römischen Antike zu fermentierter Fischsauce verarbeitet, im Mittelalter waren sie ein Grundnahrungsmittel, später wurden sie massenhaft in Dosen verpackt und sind heute die Grundlage für industrielle Super-Trawler, die in den größten Fischereien der Welt eingesetzt werden. Mindestens ein Drittel der weltweit gefangenen Wildfische sind Beutefische. Etwa 90 Prozent davon werden zu Fischmehl und Fischöl verarbeitet und an Nutztiere wie Schweine, Geflügel und an Lachse in Fischfarmen verfüttert. Viele Menschen sind der Meinung, dass es besser wäre, wenn wir die Beutefische selbst essen würden.

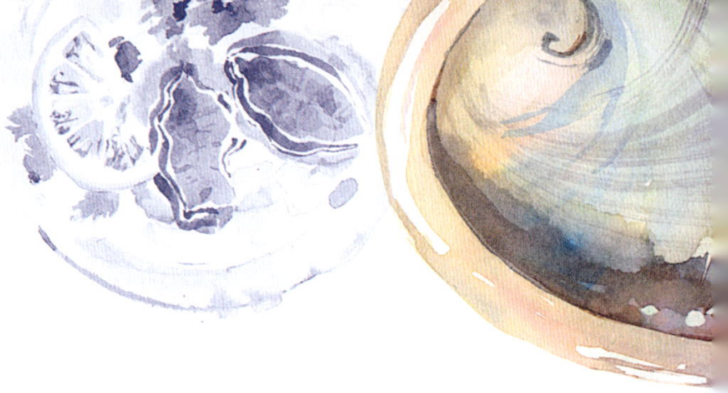

Seeohr

Haliotis spp.

Seeohren, oder auch Abalonen, sind abgeflachte Meeresschnecken, deren Schalen wie Ohren geformt sind. Sie sind den Menschen schon lange bekannt und werden von ihnen genutzt. In der Blombos-Höhle in Südafrika fanden Archäologen Schalen von zwei südafrikanischen Seeohren (*Haliotis midae*), die vor 100.000 Jahren als Farbtöpfe verwendet wurden. Sie waren Teil eines Werkzeugsatzes zur Farbherstellung, mit dem jemand Ocker mit Holzkohle und Robbenknochen vermahlte, die Mischung möglicherweise erhitzte und die gelöcherten Schalen der Seeohren zur Aufbewahrung des roten Pigments verwendete. Der Fund ist ein weiterer Beweis dafür, dass Menschen bereits in diesem frühen Stadium der Evolution des *Homo sapiens* Dinge planten und herstellten und herausfanden, dass handtellergroße Seeohrenschalen nützliche Behälter sein können.

Heute werden Seeohren vor allem wegen ihres glänzenden Perlmutts, oft in tiefen Grün- und Blautönen, für die Herstellung von Schmuck und Intarsien verwendet. In Aotearoa (Neuseeland) sind Abalonen als *pāua* bekannt und werden als *taonga*, Schätze in der Maori-Kultur, gesehen.

Der Verzehr der Seeohren hat eine lange Tradition, denn die fleischigen Schnecken sind an der Küste leicht zu finden und von den Felsen zu lösen. Die Abalonen sind nach wie vor eine Delikatesse, doch ist ihr Bestand an einigen Orten durch übereifriges Sammeln zurückgegangen. Im Jahr 2001 wurde die Weiße Abalone (*Haliotis sorenseni*) als erstes wirbelloses Meerestier in die Liste der gefährdeten Arten der Vereinigten Staaten aufgenommen, nachdem sie durch jahrzehntelange Überfischung fast ausgerottet worden war. Auf den kalifornischen Kanalinseln gab es früher etwa 12.500 Exemplare pro Hektar Meeresboden, heute kann man von Glück sagen, wenn man in demselben Gebiet ein einziges Exemplar findet. Trotz des Schutzes hat die Art immer noch zu kämpfen, da die verbliebenen Seeohren zu weit verstreut sind, um sich untereinander zu vermehren. Es wird nun versucht, sie in Gefangenschaft zu züchten und wieder in die Natur zu entlassen.

INDISCHER OZEAN

Papageifisch

Scaridae

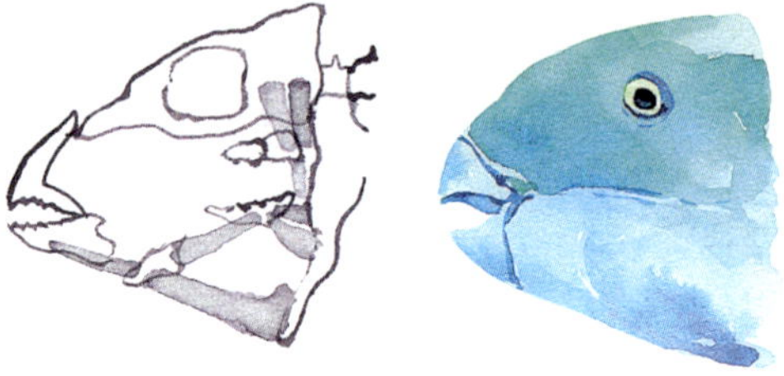

Weiße Sandstrände und Korallenatolle sind der Inbegriff des tropischen Paradieses, und sie würden ohne Fische nicht existieren. Papageifische sind für die Entstehung eines Großteils des glänzenden Sandes unter den Füßen der Urlauber verantwortlich. Auf der Insel Vakkru auf den Malediven wurde die Herkunft des Sandes wissenschaftlich analysiert und festgestellt, dass Papageifische rund 85 Prozent des Sandes produzieren. Besucher mögen schockiert sein, aber eigentlich sollten sie diesen Fischen dankbar sein für die Rolle, die sie bei der Umwandlung von Korallen in pulverisierten Sand spielen. Die Wahrheit ist, dass der weiße tropische Sand hauptsächlich aus Papageifisch-Exkrementen besteht.

Etwa 100 Arten von Papageifischen leben in Korallenriffen, Seegraswiesen und Felsküsten auf der ganzen Welt. Sie sind leicht an ihren charakteristischen Zähnen zu erkennen, die zu einem papageienartigen Schnabel verschmolzen sind. Jeder Fisch hat 1000 Zähne, die in 15 Reihen aufgereiht und zu einer äußerst widerstandsfähigen Struktur zusammengekittet sind. Abgenutzte Zähne fallen aus und werden durch die nächsten in der Reihe ersetzt, ähnlich wie bei Haifischen.

Die meisten Papageifische sind Pflanzenfresser und ernähren sich von fleischigen Algen, die auf Riffen wachsen. Beim Abgrasen und Fressen können sie nicht umhin, Kalkstein von den alten, abgestorbenen Korallenskeletten darunter abzukratzen. Taucher, die schon einmal ein Korallenriff besucht haben, werden mit dem knirschenden Geräusch der fressenden Papageifische vertraut sein. Einige Arten, darunter der größte, der Büffelkopf-Papageifisch, ernähren sich von lebenden Korallen und zerkleinern sie im Mund, um die dünne Schicht lebenden Gewebes auf den mikroskopisch kleinen Polypen der Korallen zu entfernen.

Im hinteren Rachenbereich haben Papageifische ein zweites Gebiss. Diese sogenannten Pharyngealia zermahlen die Korallen zu einem feinen Pulver, bevor der Fisch sie verschluckt. Dann wird das Korallen-Algen-Gemisch durch die Eingeweide des Papageifisches geschleust, wo die Nährstoffe verdaut werden und schließlich die pulverförmigen Kalksteinreste am anderen Ende als feiner Sand herauskommen.

Mit ihrem endlosen Kreislauf aus Fressen und Ausscheiden sind Papageifische ökologische Ingenieure. Auf dem Palmyra-Atoll im Pazifischen Ozean verfolgten Wissenschaftler Büffelkopf-Papageienfische bei ihrem Treiben und zählten ihre Körperfunktionen. Im Durchschnitt beißen diese meterlangen Fische jede Minute dreimal in Korallen und scheiden 20-mal pro Stunde Exkremente aus. Im Laufe eines Jahres frisst ein einziger Büffelkopf zwischen 4 und 6 Tonnen Korallen. Das ist eine ganze Menge Sand.

Wie ihre gefiederten Namensvettern sind auch die Papageifische in verschiedene leuchtende Farben gehüllt. Die meisten wechseln im Laufe ihres Lebens ihr Aussehen und ihr Geschlecht, wobei sie oft als einfarbige Weibchen beginnen und sich dann zu regenbogenfarbenen Männchen entwickeln. Einige wechseln nochmals ihr Geschlecht und werden wieder zu Weibchen. Am hellsten sind die sogenannten Supermännchen, die einen Harem von Weibchen anführen. Wenn die Nacht hereinbricht, suchen sich die Papageifische ruhige Plätze auf dem Meeresboden. Sie scheiden eine Schleimblase um sich herum aus, die sie vor nächtlichen blutsaugenden Schnecken schützt. Gut geborgen in ihren klebrigen Schlafsäcken schlafen die Papageifische ein.

Papageifische stellen nicht nur Sand her und bauen Strände und Inseln, sondern sind auch für die Gesundheit der Korallenriffe von enormer Bedeutung. Die grasenden Pflanzenfresser sorgen dafür, dass die Korallen nicht von Algen überwuchert werden. Und die kratzenden Fische hinterlassen saubere Oberflächen auf dem festen Fuß der alten Korallen darunter, wo Korallenlarven eindringen, sich ansiedeln und zu neuen Kolonien heranwachsen können. In Panama haben die versteinerten Überreste von Riffen gezeigt, dass Korallen und Papageifische seit Jahrtausenden in einem ab- und anschwellenden Tanz miteinander verbunden sind. Waren die Papageifischpopulationen in reicher Zahl vorhanden und gesund, so galt das auch für die Korallen; gingen die Papageifischpopulationen zurück – auch während der letzten 200 Jahre der Überfischung –, wuchsen die Korallen langsamer und verloren ihre blühende Gesundheit. Eine der wirksamsten Methoden zum Schutz von Korallenriffen besteht daher darin, Papageifische vor dem Abfischen zu schützen und dafür zu sorgen, dass sie in großen Schwärmen schwimmen.

PAZIFIK

Glaskopffisch

Macropinna microstoma

In den dunklen Tiefen der Dämmerungszone, zwischen 600 und 800 Metern Tiefe, leben Fische mit bemerkenswerten smaragdgrünen Augen. Die Glaskopffische sind seit 1939 bekannt, als Exemplare in Netzen gefangen und an die Oberfläche gebracht wurden. Die beiden kleinen Punkte über dem Maul eines Glaskopffisches, die wie Augen aussehen, sind in Wirklichkeit Geruchsorgane, Nasenlöcher, die Chemikalien im Wasser erschnüffeln. In den echten Augen der Fische filtern die grünen Pigmente möglicherweise das schwache Sonnenlicht, das in die Dämmerungszone eindringt, heraus, sodass sie die blinkenden biolumineszierenden Lichter anderer Tiere besser wahrnehmen können.

Wissenschaftler, die zuerst über diese seltsam aussehenden Fische nachdachten, nahmen an, dass ihre gewölbten grünen Augen starr sind und ständig nach oben blicken, um die Silhouetten von Beutetieren über ihnen zu erkennen. Die röhrenförmigen Augen ermöglichen es den Fischen, auch sehr schwaches Licht wahrzunehmen, schränken aber ihr Sichtfeld ein. Als 2009 ein lebender Glaskopffisch von einem Tauchroboter vor der kalifornischen Küste gefilmt wurde, erkannte man zwei Dinge. Erstens können die besonderen Augen des Fisches tatsächlich schwenken. Wenn ein Glaskopffisch etwas Interessantes sieht, dreht er seine Augen wie ein Fernglas. Zweitens sah man über den Köpfen der Fische eine große durchsichtige Kuppel schweben, die an einen Cartoon-Weltraumhelm oder ein umgedrehtes Goldfischglas erinnert. Die zarte Struktur war wohl von einem der Fische abgerissen. Der Anblick einer intakten Kuppel am Kopf des Fisches gab einen Hinweis auf die Nahrung der Glaskopffische. Niemand hat dies bisher gesehen, aber es ist möglich, dass sie zu den großen, langen Körpern der Tiefsee-Staatsquallen schwimmen und kleine Beutetiere stehlen, die sich in ihren Tentakeln verfangen haben. Die durchsichtige Kuppel schützt dabei die grünen Augen des Fisches vor den Stichen.

Wanderhai

Hemiscyllium spp.

Mehrere große Mythen, die sich um Haie ranken, werden von einer bestimmten Gruppe dieser Raubtiere gründlich entkräftet. Zunächst einmal zeigen Wanderhaie, dass nicht alle Haie ständig schwimmen müssen, um zu atmen. Sie liegen auf dem Bauch und dösen den Tag über, indem sie Wasser über ihre Kiemen pumpen. Dann, bei Einbruch der Dunkelheit, werden sie aktiv und haben die ungewöhnliche Angewohnheit, über den Meeresboden zu laufen, wobei sie sich wie ein Salamander winden und ihre paddelförmigen Flossen als rudimentäre Beine benutzen. Sie können sogar mindestens eine Stunde am Stück die Luft anhalten. So können sie zwischen den Gezeitentümpeln klettern, die durch den Rückgang des Meeres abgeschnitten werden, und sich von gestrandeten Fischen, Krebstieren und Würmern ernähren, die keine Möglichkeit haben, zu entkommen.

Kürzlich wurde entdeckt, dass es nicht, wie bisher angenommen, fünf, sondern neun Arten von Wanderhaien gibt, die in Nordaustralien, Papua-Neuguinea und Indonesien leben. Unterschiedliche Hautmuster helfen uns, die verschiedenen Wanderhaie zu unterscheiden, mit Kombinationen aus Leopardenflecken, Zebrastreifen und schwarzen Punkten wie Spritzer aus einer Spraydose. Am bekanntesten sind die Epaulettenhaie mit ihren zwei großen Flecken, die ein wenig an militärische Schulterklappen erinnern.

In die DNA der Wanderhaie geschriebene Botschaften haben eine unerwartete Wahrheit ans Licht gebracht: Es handelt sich um die jüngsten Haie des Ozeans. Die Gattung ist 9 Millionen Jahre alt. Die beiden jüngsten Arten trennten sich vor weniger als 2 Millionen Jahren, als der *Homo habilis*, unser nicht allzu weit entfernter menschlicher Vorfahre, damit beschäftigt war, Kieselsteine in scharfe Werkzeuge zu spalten. Dieses Datum widerlegt die hartnäckige Vorstellung, dass alle Haie uralt und unveränderlich sind.

Haie gibt es seit 450 Millionen Jahren, und einige Arten haben sich scheinbar über lange Zeiträume hinweg nicht verändert und sind dem erfolgreichen Modell des stromlinienförmigen Raubtiers treu geblieben. Doch Wanderhaie machen es anders. Sie bewegen sich weder weit noch schnell. Die erwachsenen Tiere vollziehen bizarre Paarungsrituale im Kopfstand. Aus den befruchteten Eiern schlüpfen ausgewachsene Haie im Miniformat, die sofort ihr Leben als Fußgänger beginnen. Wie zum Beweis für ihre sitzende Lebensweise hat sich eine Haiart in Zentralindonesien angesiedelt, indem sie auf ihrer Heimatinsel, die auf einer gleitenden tektonischen Platte nach Westen gewandert ist, per Anhalter mitgenommen wurde.

PAZIFIK

Schützenfisch

Toxotes jaculatrix

Lange Zeit gab es die vorherrschende Meinung, dass Fische aufgrund ihres kleinen, relativ einfachen Gehirns nicht so intelligent seien wie andere Wirbeltiere, insbesondere Säugetiere. Diese Annahme beeinflusst sehr subtil die Art und Weise, wie wir Menschen über Fische denken und sie behandeln. Doch verschiedene Fische zeigen beeindruckende geistige Fähigkeiten, und keiner ist so auffällig wie der Schützenfisch.

In tropischen Mangroven streift der Schützenfisch umher und späht über die Wasserlinie, um nach Insekten zu suchen, die ringsherum auf den Pflanzen hocken. Wenn er ein Ziel gefunden hat, führt dieser kleine Fisch mental eine Reihe von Berechnungen durch. Er berücksichtigt, wie sich das Licht beim Übergang von der Luft ins Wasser bricht, ermittelt die Entfernung und den Winkel, in dem er schießen muss, und sagt voraus, wo er auf seine herabfallende Beute warten muss. Dann hebt der Schützenfisch seine Lippen an die Oberfläche und schießt mit einem Wasserstrahl ein todgeweihtes Insekt aus einer Entfernung von bis zu 3 Metern ab – beeindruckend für einen 20 Zentimeter langen Fisch. In dem Moment, in dem er abfeuert, bewegt der Schützenfisch seine Flossen in einer fein abgestimmten Bewegung, um den Rückstoß aufzufangen. Dann, innerhalb von Millisekunden, stürzt der Schützenfisch nach vorn und verschlingt seine Beute.

Schützenfische benutzen nicht nur Werkzeuge, sondern manipulieren auch das Wasser zu ihren Zwecken. Der Schützenfisch presst das Wasser mit seiner Zunge durch ein Rohr in seinem Maul. Dabei drückt er am Ende des Wasserstrahls stärker, sodass die hinteren Tröpfchen schneller fließen und sich der Strahl zu einem einzigen, sich beschleunigenden Geschoss vereinigt. Mit diesem Trick schießt der Schützenfisch mit mehr als der fünffachen Kraft, die er aufbringen müsste, würde er nur seine Muskeln einsetzen.

Diese fischigen Attentäter zeigen noch einen weiteren Aspekt ihrer geistigen Fähigkeiten. Wissenschaftler der Universität Oxford trainierten sie mit Futter darauf, auf bestimmte menschliche Gesichter auf einem Computerbildschirm zu schießen. Später, als ihnen eine Sammlung von Gesichtern gezeigt wurde, wussten die Fische immer noch, welches sie treffen mussten, um mit einem Snack belohnt zu werden. Sie konnten dies sogar, wenn die Gesichter in verschiedenen Winkeln gezeigt wurden. Fischen fehlt der Neokortex, der Teil des Gehirns, der beim Menschen für die Erkennung von Gesichtern zuständig ist. Die menschliche Gesichtserkennung ist für Fische nicht wichtig, aber dennoch können sie diese komplizierten visuellen Aufgaben erfüllen. Es ist klar, dass im Kopf eines Fisches viel mehr vor sich geht, als wir uns zunächst vorstellen können.

PAZIFIK

Kristallqualle

Aequorea victoria

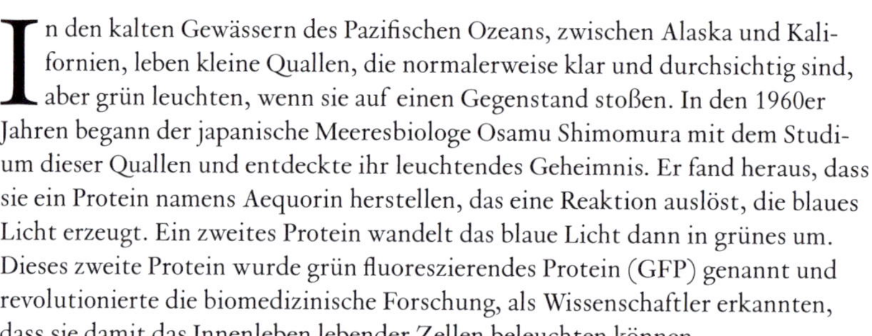

In den kalten Gewässern des Pazifischen Ozeans, zwischen Alaska und Kalifornien, leben kleine Quallen, die normalerweise klar und durchsichtig sind, aber grün leuchten, wenn sie auf einen Gegenstand stoßen. In den 1960er Jahren begann der japanische Meeresbiologe Osamu Shimomura mit dem Studium dieser Quallen und entdeckte ihr leuchtendes Geheimnis. Er fand heraus, dass sie ein Protein namens Aequorin herstellen, das eine Reaktion auslöst, die blaues Licht erzeugt. Ein zweites Protein wandelt das blaue Licht dann in grünes um. Dieses zweite Protein wurde grün fluoreszierendes Protein (GFP) genannt und revolutionierte die biomedizinische Forschung, als Wissenschaftler erkannten, dass sie damit das Innenleben lebender Zellen beleuchten können.

Wie viele biolumineszierende Tiere haben auch die Kristallquallen ihre leuchtenden Proteine wahrscheinlich als eine Form der Verteidigung entwickelt, um Fressfeinde abzuschrecken. Für die Wissenschaftler besteht der Nutzen von GFP darin, dass es leuchtet, wenn es mit blauem oder ultraviolettem Licht bestrahlt wird. Das GFP-Gen kann in Zellen oder ganze lebende Körper eingebracht werden und leuchtet überall dort, wo es sich befindet. Entscheidend ist, dass man GFP an andere Gene und Proteine anhängen und diese dann leicht durch eine Zelle oder einen Körper verfolgen kann, indem man sie einfach mit Licht bestrahlt. GFP funktioniert im Wesentlichen wie eine leuchtende Markierung und hat sich als leistungsfähiges Forschungsinstrument erwiesen, das eingesetzt wird, um die Ausbreitung von Krebszellen zu verfolgen und andere Krankheiten sowie Stammzellen und sich entwickelnde Embryonen zu untersuchen.

Inzwischen gibt es eine ganze Palette fluoreszierender Proteine, die Wissenschaftler aus verschiedenen Meerestieren wie Korallen, Seeanemonen und Plankton gewonnen haben. Diese wurden verwendet, um eine Reihe gentechnisch hergestellter, im Dunkeln leuchtender Tiere zu erzeugen – Tiere, die von Natur aus nicht leuchten. Zu den ersten gehörten Zebrafische, die als Detektoren für Umweltverschmutzung entwickelt wurden. Ihnen wurde GFP injiziert, sodass sie leuchteten, wenn sie durch kontaminiertes Wasser schwammen. Im Jahr 2011 setzte ein Team von Wissenschaftlerinnen und Wissenschaftlern ein Gen in Katzen ein, das ihnen half, der katzenartigen Version von HIV/AIDS zu widerstehen, und markierte es mit GFP, um zu sehen, wie es sich in ihren Körpern ausbreitete. Es gab schon leuchtende Schafe, Kaninchen, Seidenäffchen, Hunde und Schweine und natürlich Neonmäuse. Viele davon haben echte wissenschaftliche Anwendungen, aber Sie können sich jetzt auch einen leuchtenden Fisch als Haustier kaufen.

PAZIFIK

Mandarinfisch

Synchiropus splendidus

Bei Sonnenuntergang tauchen die männlichen Mandarinfische in den Korallenriffen von Japan bis Australien aus ihren Verstecken auf und zeigen ihre üppigen Farben und Muster, wobei sie mit ihren Flossen flattern, um die Aufmerksamkeit der Weibchen auf sich zu ziehen. Schillernde Orange- und Grüntöne auf Körper und Flossen werden durch Schnörkel in intensivem Ultramarin ausgeglichen. Für die weiblichen Mandarinfische ist das eine unwiderstehliche Kombination. Sie suchen sich jeweils einen farbenfrohen Partner und setzen sich auf dessen ausgestreckte Brustflosse. Dann steigt das Paar gemeinsam nach oben, um Eier und Spermien abzugeben, die sich im Wasser vermischen.

Leuchtende Farben spielen eine wichtige Rolle bei den Paarungsritualen der Mandarinfische, aber sie fallen auch Eindringlingen ins Auge, darunter solchen, die gern kleine Fische fressen. Aus diesem Grund haben Mandarinfische eine Gegenstrategie entwickelt. Sie sehen zwar prächtig aus, aber sie riechen fürchterlich, denn sie sind mit einem übelriechenden, giftigen Schleim bedeckt, der Raubtiere wirksam abwehrt. Die auffällige Färbung der Mandarinfische könnte sogar einen doppelten Zweck erfüllen: Sie lockt Partner an und warnt Raubtiere, sich fernzuhalten.

Das auffälligste Muster des Mandarinfisches ist das intensive Blau. Echtes Blau ist unter Tieren selten. Mandarinfische sind eine der wenigen Arten, die blaue Pigmente produzieren; der andere Fisch ist der malerische Leierfisch, ein enger Verwandter des Mandarinfisches. Die meisten anderen blauen Körperteile von Tieren, von Schmetterlingsflügeln bis zu menschlichen Augen, sind eher eine Illusion von Blau, da sie aus strukturierten Materialien bestehen, die das Licht so streuen und interferieren, dass es blau erscheint. Wenn man die Schuppen eines Schmetterlingsflügels zerdrückt, verliert er seine Struktur und damit auch seine Farbe. Nicht so bei den Mandarinfischen, die echte blaue Pigmente in ihrer Haut haben.

PAZIFIK

Napoleon-Lippfisch

Cheilinus undulatus

Wenn Sie einen ausgewachsenen männlichen Napoleon-Lippfisch betrachten, haben Sie vielleicht das Gefühl, dass das Tier Sie genauso genau beobachtet wie Sie ihn. Vielleicht liegt es daran, dass sein Auftreten mit den großen Augen und der nach vorn geneigten Schnauze etwas von einem rührseligen Welpen hat. Oder vielleicht liegt es einfach daran, dass er so groß ist. Mit seiner Größe geht eine gewisse würdevolle Erhabenheit einher. Er ist länger als Ihre ausgestreckten Arme, und er hätte Mühe, in eine Badewanne zu passen. Abgesehen von Haien wird kein anderer Fisch in Korallenriffen größer. Über sein Gesicht zieht sich ein Gewirr aus blau-grünen Mustern, das nur ihm eigen ist. Jeder Napoleon-Lippfisch hat einzigartige Zeichnungen, wie ein Fingerabdruck im Gesicht. Ein Gesichtsabdruck.

Das bedeutet, dass man, wenn man wollte, einen einzelnen Napoleon-Lippfisch durch sein langes, kompliziertes Leben verfolgen könnte. Am Anfang steht das schwarz-weiß gesprenkelte Jungtier, bevor sich der Fisch nach einigen Jahren in ein salbeigrünes Weibchen verwandelt. Einige Jahrzehnte später macht er eine weitere dramatische Verwandlung durch. Eine blaue Beule schwillt auf seinem Kopf an, und der Fisch ändert sein Geschlecht.

Bei Lippfischen und verschiedenen anderen Fischfamilien ist es ganz normal, beide Geschlechter zu erleben und zwischen den beiden zu wechseln, entweder erst männlich, dann weiblich oder erst weiblich, dann männlich oder beides gleichzeitig. Dieser Geschlechtswechsel hat sich entwickelt, weil er den Fischen einen Vorteil verschafft. Bei den Napoleon-Lippfischen hat es wahrscheinlich mit der ungewöhnlichen Art und Weise ihres Laichens zu tun. Normalerweise sind sie Einzelgänger, aber bei Vollmond versammeln sie sich in Schwärmen an einer bestimmten Stelle des Riffs, die von einem dominanten männlichen Lippfisch bewacht wird. Er patrouilliert in seinem Revier und trommelt einen Harem aus Dutzenden von Weibchen zusammen. Wenn die Zeit reif ist, gesellen sich die Weibchen abwechselnd für ein paar kurze Augenblicke zu ihm, und jedes drückt seinen zarten Körper dicht an den seinen, der ein Vielfaches seiner Größe hat. Das Weibchen entlässt eine Wolke von Eiern ins Meer, das Männchen löst sein Sperma, und sofort danach trennt sich das Paar wieder und überlässt den treibenden Embryos den Start ins eigene Leben. Das Weibchen geht seinem Leben am Riff nach, das Männchen wendet sich dem nächsten Weibchen zu. Es macht so lange weiter, bis kein Weibchen mehr da ist, mit dem es sich paaren kann.

Die Fähigkeit, das Geschlecht zu wechseln, bedeutet, dass in einer Population das richtige Gleichgewicht zwischen Weibchen und Männchen herrschen sollte. Es wird nur ein dominantes Männchen benötigt, um sich mit vielen Weibchen zu paaren; ein paar untergeordnete Männchen hängen herum und schleichen sich ab und zu ein, um sich mit Weibchen zu paaren, aber im Grunde warten sie nur darauf, in der Hierarchie aufzusteigen und schließlich die Führung zu übernehmen.

Diese Laichspektakel sind heute selten und finden nur noch in gut geschützten Teilen des Ozeans statt. In ihrem gesamten Verbreitungsgebiet im Indopazifik, insbesondere in Indonesien, Malaysia und auf den Philippinen, werden Napoleon-Lippfische für den weltweiten Handel mit lebenden Fischen gejagt. Eine gängige Fangmethode besteht darin, dass Taucher eine Wasserpfeife benutzen und durch einen Schlauch atmen, der mit einem Luftkompressor auf einem Boot verbunden ist. Sie jagen die Lippfische in Riffspalten und spritzen dann eine Zyanidlösung, die sie betäubt, aber nicht tötet. Die Fische werden dann in einem gefluteten Raum auf dem Boot aufbewahrt. Einige sind für öffentliche Aquarien bestimmt, aber die meisten landen in asiatischen Restaurants, wo Gäste viel Geld dafür bezahlen, dass sie den Fisch aussuchen, der für sie getötet und gekocht werden soll. Napoleon-Lippfische sind sehr begehrt. Eine besondere Delikatesse ist ein Teller mit den großen, gummiartigen Lippen der männlichen Lippfische.

Auf einigen wenigen Pazifikinseln, auf denen Napoleon-Lippfische hoch angesehen sind, übersteigt der internationale Handel inzwischen bei weitem die traditionelle Fischerei. In Papua-Neuguinea dürfen sie nur von den Dorfältesten gegessen werden. In Guam war es früher ein Initiationsritus für junge Männer, einen Napoleon-Lippfisch unter Wasser aufzuspießen, und auf den Cook-Inseln wurden sie traditionell für königliche Festmahle gefangen. Ihre kulturelle Bedeutung für die Fidschianer ist auf einer der Münzen des Landes abgebildet.

Als erkennbar wurde, wie schnell der globale Handel die stark gefährdeten Napoleon-Lippfische ausrottete, schränkten einige Länder die Ausfuhr ein oder verboten sie ganz. Die Nachfrage ist jedoch nach wie vor hoch und Lippfische werden auf dem Schwarzmarkt gehandelt. Naturschützer haben nun eine Smartphone-App entwickelt, um den illegalen Handel zu verfolgen. So können Fotos von Lippfischen in Restaurantaquarien gemacht werden, und ein Algorithmus identifiziert die Tiere anhand ihrer komplizierten Gesichtsmuster. Die von der App gesammelten Informationen haben gezeigt, dass Restaurantbesitzer, die eine Lizenz für einen einzigen Lippfisch haben, diesen regelmäßig verkaufen und gegen andere, illegale Fische eintauschen.

PAZIFIK

Totoaba und Vaquita

Totoaba macdonaldi und *Phocoena sinus*

Im Golf von Kalifornien in Mexiko lebt eine große Fischart, die vom Aussterben bedroht ist, weil eines ihrer inneren Organe mehr als sein Gewicht in Gold wert ist. Totoaba-Schwimmblasen können für bis zu 80.000 Dollar pro Kilo verkauft werden (Gold liegt im Allgemeinen zwischen 50.000 und 60.000 Dollar). Diese gasgefüllten Ballons sind bei Fischen weit verbreitet und dienen verschiedenen Zwecken, unter anderem der Auftriebskontrolle und der Geräuscherzeugung und -erkennung. In China gelten getrocknete Fischschwimmblasen als Delikatesse und werden zu einer Suppe verarbeitet, die angeblich medizinische Wirkung hat. Totoabas (auch Umberfische genannt) werden seit Jahrzehnten überfischt, und seit 1975 ist das Fangen illegal, aber die hohe Nachfrage treibt den Schwarzmarkt weiter in die Höhe. Illegale Ladungen von Schwimmblasen, die oft in Koffern verstaut sind, werden regelmäßig beschlagnahmt, auch von Totoaba-Schmugglersyndikaten, die die wertvollen Fischteile aus Mexiko herausschmuggeln. Es ist nicht bekannt, wie viele Totoabas noch übrig sind.

Die illegale Fischerei führt nicht nur zu einem raschen Aussterben der 2 Meter langen Totoabas, sondern auch des kleinsten und seltensten Schweinswals der Welt – des Vaquita. Mit ihren dunklen Flecken um die Augen haben die Vaquitas den Spitznamen „Pandas der Meere" erhalten, aber sie sind weitaus stärker bedroht als die bambusfressenden Säugetiere.

Wie der Totoaba ist auch der Vaquita im Golf von Kalifornien beheimatet, und auch er verheddert sich leicht in den Treibnetzen, die jedes Jahr zwischen November und Mai illegal für den Fang der wandernden Totoabas ausgelegt werden. Im Jahr 1997 schätzten Wissenschaftler die Zahl wildlebender Vaquitas auf 567. Im Jahr 2018 war der Bestand auf 19 gesunken. Im Jahr 2021 sollen es nur noch 9 Exemplare sein. Bemühungen, Vaquitas in Gefangenschaft zu züchten, scheiterten. Es besteht die leise Hoffnung, dass die Art nicht dem Aussterben geweiht ist. Es könnte mehrere junge Vaquitas in dieser Population geben, und man glaubt, dass die Weibchen in der Lage sein könnten, jedes Jahr ein Junges zur Welt zu bringen, und nicht nur alle zwei Jahre, wie bisher angenommen. Eine kürzlich durchgeführte Studie deutet außerdem darauf hin, dass die verbleibenden Vaquitas über genügend genetische Vielfalt verfügen, um die Population zu erhalten. Der Schlüssel zur Rettung der Vaquitas liegt darin, das Töten der Tiere einzustellen und den illegalen Handel mit Totoabas zu beenden.

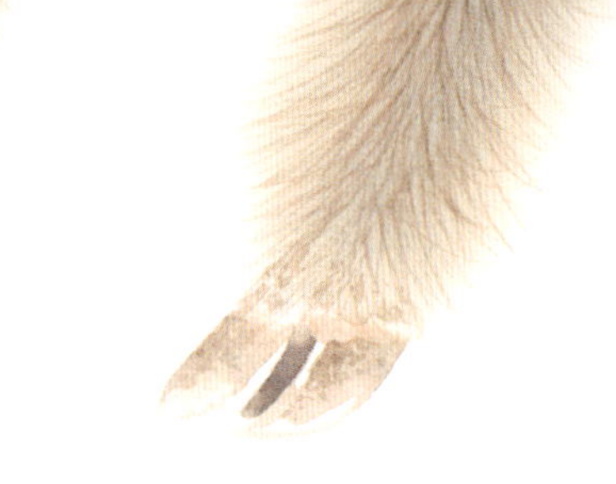

PAZIFIK

Yeti-Krabbe

Kiwa hirsuta

An hydrothermalen Quellen im Pazifischen Ozean, etwas südlich der Osterinsel, lebt eine besondere Art von auffälligen weißen Krabben. Sie werden *Kiwa hirsuta* genannt: *Kiwa* nach einer polynesischen Meeresgottheit und *hirsuta*, Lateinisch für „haarig“, wegen des üppigen Fells, das ihnen auf den Armen sprießt (es ist eigentlich kein Fell, sondern eine Verlängerung des Panzers). Die Krabben sind im Volksmund als Yeti-Krabben bekannt – ein Blick auf die langen, haarigen Arme genügt, um zu verstehen, warum.

Die pelzigen Anhängsel dieser Krebse sind der Schlüssel zu ihrem Überleben an den hydrothermalen Schloten. Wie die Schuppenfußschnecken ernähren sich auch die Yeti-Krabben von Chemikalien nutzenden Bakterien. Doch statt die Bakterien in ihrem Körper wachsen zu lassen, züchten sie Kolonien in ihrem Fell. Um zu fressen, kämmen die Krebse ihr Fell einfach mit den Beinen und schlucken einen Mund voll mikrobieller Nahrung.

Yeti-Krabben sind blind, aber sie können die Temperatur spüren und krabbeln in die Nähe der glühenden Schlote, um sicherzustellen, dass ihre Bakterien genügend Chemikalien zum Wachsen haben. Die Männchen kommen den Schloten am nächsten, weshalb sie so groß werden, aber gelegentlich werden sie auch gekocht. Die weiblichen Krabben wissen, dass die Schlote kein sicherer Ort sind, wenn sie die an ihren Bäuchen klebenden Gelege ausbrüten. Sie verkriechen sich, um kühleres Wasser mit mehr Sauerstoff zu finden, aber in ihrem Fell wachsen dann keine Bakterien, sodass die Weibchen langsam verhungern.

Auf der ganzen Welt wurden mehrere weitere Arten von Yeti-Krabben gefunden. In den tiefen Gewässern vor Costa Rica, in einer kühleren Umgebung, einem sogenannten Cold Seep, wo Methan durch den Meeresboden sprudelt, finden sich tanzende Yetis. Die Krabben rühren das Wasser rhythmisch mit ihren Scheren um, vermutlich um eine gute Versorgung mit gelöstem Methan zu gewährleisten, das ihre Bakterienkolonien ernährt. In der Nähe der Antarktis, im Südpolarmeer, gibt es weiße Krabben, die keine behaarten Arme, sondern eine behaarte Brust haben. Bei der Namensgebung haben sich die Wissenschaftlerinnen und Wissenschaftler von David Hasselhoff und seiner Rolle als Rettungsschwimmer in Los Angeles in der amerikanischen Fernsehserie *Baywatch* aus den 1990er Jahren inspirieren lassen, in der er rote Shorts trug und seine behaarte Brust zur Schau stellte. Diese Art ist inoffiziell als Hoff-Krabbe bekannt geworden.

PAZIFIK

Ninja-Laternenhai

Etmopterus benchleyi

Als ein bis dahin unbekannter Hai in der Tiefsee vor der Pazifikküste Mittelamerikas entdeckt wurde, entschied man sich für einen wissenschaftlichen Namen zu Ehren von Peter Benchley, dem Autor des Buches *Der weiße Hai* und späteren lebenslangen Fürsprecher der Haie. Als es darum ging, einen gebräuchlichen Namen für die Art zu finden, fragte eine der beteiligten Wissenschaftlerinnen, Vicky Vasquez, ihre achtjährigen Neffen nach Ideen. Es handelt sich um einen kleinen Hai von weniger als einem halben Meter Länge, mit tiefschwarzer Haut und blauen Lichtern auf dem Bauch, die er zur Tarnung in der Dämmerung einsetzt. Wie beim Laternenfisch verbergen diese Lichter die dunkle Silhouette des Hais, wenn er von unten gesehen wird, und helfen ihm, sich an seine Beute heranzuschleichen. Das genügte Vasquez' kleinen Neffen, um ihr vorzuschlagen, ihn Ninja-Laternenhai zu nennen.

Dies ist eine von mehr als 40 Laternenhai-Arten, allesamt Tiefseebewohner und viele mit interessanten Namen. Es gibt Prachtlaternenhaie, Marshas und Lailas Laternenhaie, verschwommene, rosa und borstige Laternenhaie (*Etmopterus splendidus*, *E. marshae*, *E. lailae*, *E. bigelowi*, *E. dianthus* und *E. unicolor*). Die Kleinen Schwarzen Dornhaie (*E. spinax*) haben leuchtende Stacheln auf dem Rücken, die wie ein Lichtsäbel aufleuchten und Raubtiere abschrecken, die die Stacheln schon aus einigen Metern Entfernung sehen. Die Hauptbeute der Laternenhaie, die Leuchtsprotten, *Maurolicus* spp. aus der Familie der Tiefsee-Beilfische, sehen schlechter als ihre Räuber und erkennen die Stacheln wahrscheinlich erst aus der Nähe, wenn es bereits zu spät ist und der Laternenhai zum Angriff übergeht.

Ähnlich wie die Laternenhaie gibt es eine weitere Familie leuchtender Tiefseehaie, die Unechten Dornhaie (Dalatiidae). Zu ihnen gehören die Zigarrenhaie (*Isistius brasiliensis*), Parasiten, die sich von großen Meerestieren – darunter Delfine, Wale, Robben, Thunfische und größere Haie – ernähren, indem sie ihnen ein ordentliches kreisförmiges Stück Fleisch abbeißen und dann davonschwimmen. Zigarrenhaie sind biolumineszierend, mit Ausnahme eines Bandes um den Hals, das nach Ansicht einiger Wissenschaftler den dunklen Umrissen kleiner Fische ähnelt und größere Raubtiere anlockt, indem es sie glauben lässt, es gäbe Nahrung. Taschenhaie (*Mollisquama parini*) werden so genannt, weil sie hinter jeder Brustflosse eine kleine Tasche mit biolumineszierendem Schleim haben. Niemand weiß bisher, wozu diese Taschen mit leuchtendem Schleim dienen, aber wahrscheinlich ist es eine Art von Verteidigung.

PAZIFIK

Marianen-Schneckenfisch

Pseudoliparis swirei

Obwohl sie wie riesige Kaulquappen aussehen und nach Weichtieren benannt sind, sind Schneckenfische in Wirklichkeit Fische. Ihr Name stammt von den Mitgliedern der Familie der Schneckenfische (Liparidae), die in Gezeitentümpeln und Algenwäldern an der Küste leben und sich mit ihren Beckenflossen an Oberflächen festsaugen, ähnlich wie eine Schnecke mit ihrem muskulösen, klebrigen Fuß. Sie sind ein seltsames Völkchen, das eine breite Palette von Lebensräumen bewohnt. Es gibt Schneckenfische, die in arktischen und antarktischen Meeren leben, wo sie zum Überleben Frostschutzmoleküle in ihrem Körper entwickelt haben. Andere Schneckenfische leben ausschließlich in den Kiemenkammern von Königskrabben. Am bemerkenswertesten sind die Schneckenfische, die tiefer im Ozean leben als alle anderen Fische.

Im gesamten Ozean gibt es etwa 27 Meeresgräben. Diese V-förmigen Vertiefungen stürzen vom Meeresboden in die Tiefe und bilden zusammen das unterste Reich des Ozeans, die Hadalzone, benannt nach Hades, dem griechischen Gott der Unterwelt. Eine Reihe von Gräben im westlichen Pazifik reicht über die 10.000-Meter-Marke hinaus. Der tiefste von allen ist der Marianengraben mit knapp 11 Kilometern Tiefe – so tief, dass er den Mount Everest und sieben Eiffeltürme übereinander verbergen könnte. Und er ist die Heimat des gleichnamigen Schneckenfisches.

Auch in anderen Gräben gibt es ein oder zwei Hadal-Schneckenfische. Bisher wurden mindestens 15 Arten gefunden, manche blau, manche lila, manche gespenstisch weiß. Das meiste, was über sie bekannt ist, stammt von ferngesteuerten Kameras, an denen Köder befestigt sind, die von Wissenschaftlern in Gräben abgesetzt werden und so programmiert sind, dass sie sich nach etwa einem Tag vom Meeresboden lösen und zurück zur Oberfläche schwimmen. Der Köder, in der Regel Makrelen, dient nicht der Fütterung der Schneckenfische, sondern soll aasfressende Krebstiere, sogenannte Amphipoden oder Flohkrebse, anlocken, die die Hauptnahrung der Schneckenfische darstellen. Schneckenfische haben winzige Augen und sind wahrscheinlich blind, aber sie spüren zappelnde Flohkrebse an den Wellen, die sie durch das Wasser schicken. Die gewölbten Lippen der Schneckenfische sind voller Nervenenden, und im hinteren Rachenteil befindet sich ein zweiter Kiefer, die Pharyngealia, die sich perfekt zum Zerkleinern von Flohkrebsen eignen.

Schneckenfische überleben in diesen Gräben unter stärkstem Druck, vergleichbar dem Gewicht eines afrikanischen Elefanten, der auf jeden Quadratzentimeter (6,5 Quadratzentimeter) ihres Körpers drückt. Sie sind so gut an den hohen Druck angepasst, dass diese pummeligen Fische, wenn man sie an die Oberfläche bringt, einfach dahinschmelzen. Ihr Gewebe ist mit druckfesten Chemikalien gefüllt, die ihre Zellen und Moleküle schützen, damit sie funktionieren und nicht aus der Form geraten.

Es ist nicht verwunderlich, dass vieles über die Hadal-Schneckenfische geheimnisvoll und unbekannt bleibt. Niemand weiß, wo oder wie sie sich fortpflanzen. Bleiben sie ihr ganzes Leben lang in ihren Gräben oder wagen sie sich auch mal heraus? Und wie viele weitere Schneckenfische sind noch in unerforschten Gräben versteckt?

PAZIFIK

Schwarzlippige Perlmuschel

Pinctada margaritifera

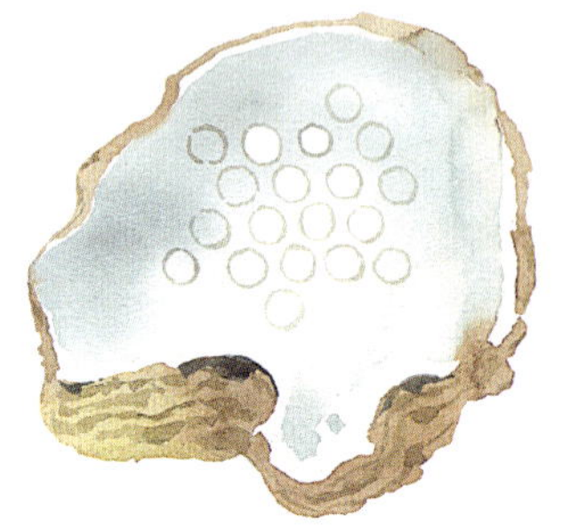

Von den Tausenden von Weichtierarten auf der Welt gelten Perlmuscheln als die elegantesten - zumindest Teile von ihnen. Die Menschen verehren Perlen seit Jahrtausenden und haben sich verschiedene Geschichten ausgedacht, um ihre Herkunft zu erklären. Es heißt, sie seien die Tränen von Engeln oder Göttern, sie entstünden, wenn ein Blitz in eine Perlmuschel einschlage, oder sie würden aus Tautropfen wachsen. Die Wahrheit ist, dass Perlmuscheln sich einfach selbst verteidigen. Sie bilden Perlen als eine Art Immunreaktion auf unerwünschte Eindringlinge in Form von Parasiten oder Sand und Muschelsplittern, die ihr weiches Inneres reizen. Die Perlmuschel erstickt diese scharfen Teilchen in einer dünnen, glänzenden Schicht aus Perlmutt und verwandelt sie in glatte, harmlose Kugeln.

Alle Perlmuschelarten und auch andere Weichtiere produzieren Perlen, aber die Menschen lieben die Perlen einiger weniger Arten, insbesondere die der Schwarzlippigen Perlmuscheln, die dunkle, silberne Perlen produzieren. Früher sammelten Taucher die Perlmuscheln von Hand aus dem Meer und öffneten sie dann, um nach seltenen, natürlichen Perlen zu suchen. Heute wird die Branche von Zuchtbetrieben beherrscht, in denen die Menschen die Kunst perfektioniert haben, Teilchen in die Austern einzusetzen und einige Jahre zu warten, bis sich die Perlen bilden.

Doch erst vor Kurzem wurde das lang gehütete Geheimnis gelüftet, wie Perlmuscheln so perfekte, kugelförmige Perlen bilden. Ein Forschungsteam machte sich an die mühsame Aufgabe, Perlen aufzuschneiden und die Dicke von Tausenden von Schichten in jeder Perle zu messen. Sie stellten fest, dass die Schichten den Regeln des sogenannten rosa Rauschens folgen, bei dem scheinbar zufällige Ereignisse in Wirklichkeit miteinander verbunden sind. Das rosa Rauschen taucht überall auf, von Erdbeben und klassischer Musik bis hin zu Gehirnaktivität und Herzschlag. Im Inneren einer Perlmuschel passt sich jede neue Perlmuttschicht beim Auftragen genau an die vorhergehende an. Diese ständige Anpassung bedeutet, dass kleine Unvollkommenheiten nicht verstärkt, sondern geglättet werden. Die so entstandenen Perlen sind nicht nur schön und glänzend, sondern auch unglaublich widerstandsfähig – 3000-mal widerstandsfähiger als die Materialien, aus denen sie hergestellt werden, nämlich Kalziumkarbonat und Eiweiß. Wenn man versteht, wie genau Perlen so widerstandsfähig werden, könnte dies zu einer neuen Generation von Supermaterialien für die Herstellung von Geräten wie Solarzellen und Raumschiffen führen.

Perlmutt kleidet auch das Innere vieler Muschelschalen aus und verleiht ihnen einen rissfesten Überzug, der dem Angriff von Krabbenscheren und Fischkiefern widersteht. Auch dies ist ein Material, das die Menschen traditionell zur Herstellung von Angelhaken, Werkzeugen, Schmuck und Ornamenten verwendet haben. Aus Schalen der Schwarzlippigen Perlmuschel geschnittene Kreise wurden häufig als Hemdknöpfe verwendet, ebenso wie solche aus Silberlippigen Perlmuscheln (*Pinctada maxima*), Seeohren (*Haliotis* spp.) und Flussperlmuscheln (*Margaritifera margaritifera*). Biotech-Firmen untersuchen inzwischen Perlmutt, um die nächsten großen biomedizinischen Durchbrüche zu erzielen. Perlmutt könnte als neue Form von Zahnfüllungen und als neuartiges Knochentransplantat verwendet werden, das die Heilung gebrochener Knochen unterstützt.

Perlmuscheln sind streng genommen keine echten Austern, die zu einer anderen Familie (Ostreidae) gehören. Zu den echten Austern gehören die Hahnenkammaustern (*Lopha cristagalli*) mit ihrer charakteristischen Zickzackform, die die Form des Opernhauses von Sydney inspirierte. Zu den kulinarischen Favoriten gehören auch die Pazifischen Austern, die Sydney-Felsenaustern und die Olympia-Austern (*Magallana gigas*, *Saccostrea glomerata* bzw. *Ostrea lurida*). Verschiedene Austernarten wachsen in der Natur in riesigen Ansammlungen, aber diese Riffe haben unter der Zerstörung ihrer Lebensräume sehr gelitten. New York zum Beispiel war einst die Welthauptstadt der Austern, umgeben von Riffen, die zehnmal so groß waren wie Manhattan. Baggerarbeiten, Verschmutzung und Überfischung forderten ihren Tribut, und die letzten New Yorker Austern wurden Anfang des 20. Jahrhunderts geschlürft. Inzwischen gibt es Bemühungen, diese verlorenen Austernriffe wiederherzustellen, und es gibt ähnliche Projekte auf der ganzen Welt.

PAZIFIK

Pompeji-Wurm

Alvinella pompejana

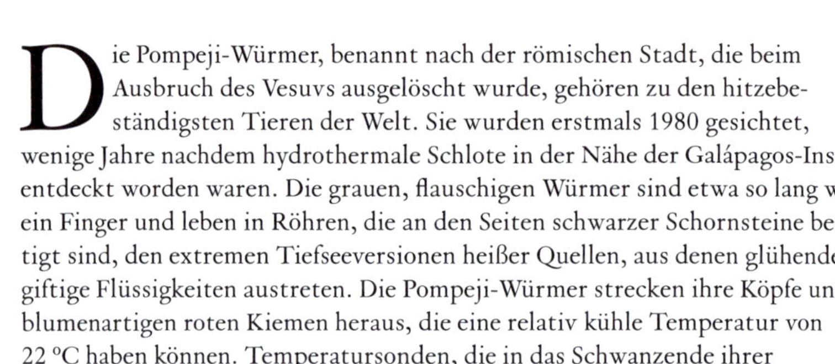

Die Pompeji-Würmer, benannt nach der römischen Stadt, die beim Ausbruch des Vesuvs ausgelöscht wurde, gehören zu den hitzebeständigsten Tieren der Welt. Sie wurden erstmals 1980 gesichtet, wenige Jahre nachdem hydrothermale Schlote in der Nähe der Galápagos-Inseln entdeckt worden waren. Die grauen, flauschigen Würmer sind etwa so lang wie ein Finger und leben in Röhren, die an den Seiten schwarzer Schornsteine befestigt sind, den extremen Tiefseeversionen heißer Quellen, aus denen glühende, giftige Flüssigkeiten austreten. Die Pompeji-Würmer strecken ihre Köpfe und blumenartigen roten Kiemen heraus, die eine relativ kühle Temperatur von 22 °C haben können. Temperatursonden, die in das Schwanzende ihrer Röhren gesteckt werden, zeigen 60 °C an, mit Spitzenwerten von bis zu 80 °C.

Untersuchungen der Gene der Pompeji-Würmer geben Hinweise darauf, wie sie vermeiden, lebendig gekocht zu werden. Sie stellen Hitzeschockproteine her, die sich in der enormen Hitze nicht zersetzen, sowie eine zähe Form von Kollagen (ein wichtiges Molekül, aus dem viele Teile des lebenden Körpers aufgebaut sind), das die extreme Hitze und den Druck aushält. Der struppige graue Mantel besteht aus Mikroben, die bei der Entgiftung der aus den Schornsteinen fließenden schädlichen Flüssigkeiten helfen können.

Andere Mikroben, die an hydrothermalen Schloten leben, überleben sogar noch höhere Temperaturen. Hyperthermophile tolerieren nicht nur extreme Hitze – sie lieben sie und wachsen am besten, wenn ihre Umgebung 80 °C oder heißer ist. Diese Mikroben, die auch bei so hohen Temperaturen noch funktionieren, sind in der menschlichen Welt unglaublich wichtig geworden.

Wenn Sie einen Test auf COVID-19 machen, der an ein Labor geschickt wird, ist die Wahrscheinlichkeit hoch, dass es sich um ein Molekül handelt, das ursprünglich an hydrothermalen Schloten entdeckt wurde. Bei PCR- oder Polymerase-Kettenreaktionstests werden DNA-Proben in Stücke geschnitten und Millionen von Kopien erstellt, die Wissenschaftler dann sequenzieren, um festzustellen, ob eine Coronavirus-DNA vorhanden ist. Dieselben Tests werden auch bei der Erstellung von DNA-Fingerabdrücken und anderen genetischen Analysen verwendet. Die Kopien der DNA-Schnipsel werden mithilfe von Enzymen, sogenannten Polymerasen, hergestellt, die ursprünglich in Mikroben in heißen Quellen im Yellowstone-Nationalpark entdeckt wurden. Versionen dieser Enzyme aus hydrothermalen Schloten funktionieren bei den hohen Temperaturen, bei denen diese Tests durchgeführt werden müssen, noch besser und genauer.

Glatthandfisch

Sympterichthys unipennis

Der Glatthandfisch aus Tasmanien hält den unglücklichen Rekord, der erste Fisch der Neuzeit zu sein, der für ausgestorben erklärt wurde. Das geschah im März 2020, obwohl 18 Monate später bekanntgegeben wurde, dass er nicht ausgestorben sei – möglicherweise. Die Wende erfolgte, weil Experten feststellten, dass die Menschen, die nach Handfischen suchten, nicht überall dort nachgeschaut hatten, wo sich die Art verstecken könnte. Es ist viel einfacher, zu beweisen, dass eine Art noch existiert, als absolut sicher sein zu können, dass sie nicht mehr existiert. Vielleicht gibt es noch irgendwo Glatthandfische, aber seit mehr als 200 Jahren hat niemand mehr berichtet, einen gesehen zu haben. Die Art ist wahrscheinlich verschwunden, weil die Muschelriffe, in denen die Fische lebten, im 19. und 20. Jahrhundert durch das Baggern nach Austern und Jakobsmuscheln zerstört wurden. Der Glatthandfisch ist wahrscheinlich schon vor Jahrzehnten ausgestorben, ohne dass es damals jemand bemerkte.

Es gibt noch 13 weitere Handfischarten, die heute in den Gewässern vor Südostaustralien und um Tasmanien leben. Sie gehören zu der kleinen Familie der Anglerfische, den Brachionichthyidae, eine Zusammensetzung aus dem lateinischen Wort *bracchium* (Arm) und dem griechischen *ichthys* (Fisch). Diese kleinen Fische sehen in der Tat so aus, als hätten sie Arme, Hände und Finger – alles aus ihren Brustflossen geformt –, und sie laufen langsam über den Meeresboden. Den Rest der Zeit sitzen sie einfach nur da. Selbst wenn sie jung sind, sind Handfische keine großen Reisenden. In ihrem Lebenszyklus gibt es kein treibendes Larvenstadium, sodass sie sich nicht weit ausbreiten können. Daher ist die Wahrscheinlichkeit groß, dass sie sich in Fischernetzen verfangen. Und das macht sie anfällig für die Zerstörung ihres Lebensraums und die zunehmende Bedrohung durch den Klimawandel. Die Meerestemperaturen um Tasmanien steigen etwa viermal so schnell wie im globalen Durchschnitt. Unbewegliche Arten, die kühlere Gewässer bevorzugen, wie der Handfisch, können sonst nirgendwo hin.

Eine gute Nachricht gibt es jedoch zu vermelden. Im Jahr 2021 ließen Wissenschaftler in einem Meeresschutzgebiet vor Tasmanien eine Kamera 150 Meter tief auf den Meeresboden herab. Als sie sich die Aufnahmen später ansahen, entdeckte einer von ihnen einen kleinen rosafarbenen Fisch, wie ihn seit 22 Jahren niemand mehr gesehen hatte. Es war ein Rosa Handfisch (*Brachiopsilus dianthus*). Bis dahin dachte man, dass diese Art nur in flachen, geschützten Buchten lebt. Vielleicht gibt es also noch mehr Handfische, die sich in der Tiefe verstecken.

PAZIFIK

Sonnenblumen-Seestern

Pycnopodia helianthoides

Sonnenblumen-Seesterne sind groß und schön. Sie können gelb und orange, lila und rot sein. Ihre 24 Arme werden über einen Meter lang. Damit gehören sie zu den größten Seesternen der Welt. Zusammen mit Seegurken und Seeigeln, Schlangensternen und Federsternen gehören die Seesterne zu einer Gruppe von Stachelhäutern, den Echinodermen.

Es sind benthische Tiere, die ihr Leben auf dem Meeresboden verbringen. Doch Sonnenblumen-Seesterne sind nicht so schläfrig, wie es auf den ersten Blick scheint. Sie krabbeln auf Tausenden von winzigen Röhrenfüßen umher, mit denen sie in einer beeindruckenden Geschwindigkeit von einem Meter pro Minute vorankommen. Sie ernähren sich von Muscheln, Meeresschnecken und toten Kalmaren sowie von anderen Stachelhäutern, vor allem Seeigeln – ein Grund, warum sie jetzt, wo so viele von ihnen verschwunden sind, sehr vermisst werden.

Im Jahr 2013 wurde die Westküste Nordamerikas von einer schrecklichen Seuche heimgesucht, die viele Seesternarten auslöschte. Es war ein grausiger Anblick. Läsionen bedeckten die Haut der Seesterne, die Beine fielen ihnen ab, und innerhalb weniger Tage zerfielen die befallenen Tiere zu einem Haufen Schleim. Sonnenblumen-Seesterne waren früher zwischen Alaska und Mexiko weit verbreitet, aber jetzt sind sie in den meisten Teilen ihres Verbreitungsgebiets verschwunden; man schätzt, dass fast 6 Milliarden von ihnen gestorben sind. Das ist nicht nur eine Katastrophe für die Seesterne, sondern für ganze Ökosysteme. Der Zusammenbruch fiel mit dem Verlust vieler Algenwälder zusammen, die durch Hitzewellen ausgelöscht wurden, und mit einem Boom der Purpur-Seeigel (*Strongylocentrotus purpuratus*). Ohne die Seesterne, die die Zahl der Seeigel in Schach halten, gedeihen diese prächtig, und ihr intensives Abweiden hindert die Algensporen daran, sich anzusiedeln und zu wachsen.

Meeresbiologen sind sich immer noch nicht ganz sicher, was mit den Seesternen passierte. Die Ursache für das sogenannte „Sea Star Wasting Syndrome" ist schwer zu ermitteln. Zunächst dachte man, dass es durch ein Virus ausgelöst worden war. Neueste Studien deuten darauf hin, dass andere Mikroben beteiligt sind, die dem Wasser den Sauerstoff entziehen und die Seesterne im Grunde ersticken. Auch die Klimakrise und Hitzewellen spielen eine Rolle in dem komplexen Bild des sich verändernden Ozeans.

Doch es gibt auch Hoffnungsschimmer. Kleine Gruppen von Seesternen überleben in kühleren Gewässern und könnten dem Rest der Population helfen, sich zu erholen. Und im Jahr 2021 gelang es zum ersten Mal, Sonnenblumen-Seesterne in Gefangenschaft zu züchten. Nicht jeder glaubt, dass es so weit kommen wird, aber vielleicht können sie eines Tages wieder in die Natur entlassen werden.

PAZIFIK

Nacktkiemer

Nudibranchia

Nacktkiemer, auch als Meeresschnecken bekannt, sind sehr viel schöner als ihre Gegenstücke an Land. Tausende von Arten sind in Regenbogenfarben und -mustern gehalten, und nicht nur in tropischen Meeren, sondern auch in kühleren Gewässern finden sich alle Arten von Meeresschnecken. Für einige sind ihre leuchtenden Farben eine Tarnung. Bananengelbe Meeresschnecken zum Beispiel leben auf gelben Schwämmen und ernähren sich auch von ihnen. Für andere sind die Farben eine Warnung an potenzielle Fressfeinde, dass diese weichfleischigen, schalenlosen Weichtiere nicht zum Verzehr geeignet sind. Viele Meeresschnecken sind mit übelschmeckenden Chemikalien versetzt. Aus diesem Grund werden schwimmende Meeresschnecken, die sogenannten Meeresengel, von kleinen Krebstieren, den Flohkrebsen, entführt, die sie wie einen Rucksack mit sich herumtragen. Fische und andere Raubtiere wissen, dass sie die Flohkrebse in Ruhe lassen müssen, wenn sie nicht riskieren wollen, den Mund voller giftiger Meeresengel zu haben.

Eine besondere Schneckenart, *Jorunna parva*, wurde zu einer Internet-Sensation. Sie hat den Spitznamen Seehase und ist pelzig und weiß mit einem Paar flauschiger „Ohren", bei denen es sich in Wirklichkeit um Sinnesorgane, sogenannte Rhinophoren, handelt, die Chemikalien im Wasser aufspüren. Ihre „Schwänze" sind eigentlich ihre Kiemen, die wie bei allen Nacktkiemern aus dem Wasser ragen (*nudibranchia* bedeutet „nackte Kiemen"). Neben den Nacktschnecken gibt es noch eine Reihe anderer Schnecken, die als Meeressschnecken bezeichnet werden, darunter Plakobranchen und Pteropoden. Ihr gemeinsames Merkmal ist das Fehlen einer äußeren Schale.

Meeresschnecken führen eine Vielzahl einzigartiger Tricks aus. Einige von ihnen sind kleptomanisch veranlagt. Bei den Blatt-Schaf-Schnecken (*Costasiella kuroshimae*) handelt es sich um hellgrüne Nacktschnecken, die sich von Algen ernähren und dadurch mit Sonnenenergie versorgt werden. Sie behalten die Chloroplasten der Algen, die winzigen Strukturen, die die Energie der Sonne aufnehmen, um Nahrung zu produzieren, und stecken sie in ihre Haut, wo diese weiterhin Photosynthese betreiben. Das bedeutet, dass die Blatt-Schaf-Schnecken in Zeiten, in denen es nicht viele Algen zu fressen gibt, sich einfach in der Sonne wälzen und auf ihre eingebauten Nahrungsfabriken zurückgreifen können. Auf ähnliche Weise, aber diesmal zur Verteidigung, stiehlt die Blaue Ozeanschnecke (*Glaucus atlanticus*) die Stachelzellen der Portugiesischen Galeere, von der sie sich ernährt. Diese auffallend blauen Meeresschnecken schieben die intakten Stacheln in ihre fingerartigen Fortsätze, die Cerata.

Meeresschnecken haben die bemerkenswerte Fähigkeit, Teile ihres Körpers nachwachsen zu lassen. Eine Art (*Chromodoris reticulata*) hat einen Einwegpenis, der nach der Paarung abfällt und innerhalb von 24 Stunden nachwächst. Eine andere Art (*Elysia marginata*) beherrscht den etwas beängstigenden Trick, sich den Kopf abzureißen. Der abgetrennte Kopf wandert eine Zeit lang allein umher und wächst schließlich zu einem neuen Körper heran (der verlassene Körper lebt nur einige Tage weiter und lässt keinen neuen Kopf wachsen). Es ist möglich, dass die Meeresschnecke dies tut, um sich eines von Parasiten befallenen Körpers zu entledigen.

Die Meeresschnecken zeigen uns nicht nur komplizierte Wunder der Natur, sondern lehren uns auch viel über das menschliche Gehirn. Seit den 1960er Jahren untersucht der Neurowissenschaftler Eric Kandel eine Meeresschneckenart namens Kalifornischer Seehase (*Aplysia californica*), um herauszufinden, wie Erinnerungen gebildet werden. Er wählte Seehasen aus, weil sie große Nervenzellen haben, die auch ohne Mikroskop sichtbar sind. Außerdem gibt es nicht allzu viele dieser Nervenzellen: etwa 20.000, im Vergleich zu 100 Milliarden Neuronen beim Menschen. Trotz dieses einfachen Nervensystems können Seehasen lernen und sich Dinge merken. Wenn man einen Seehasen sanft anstupst, zieht er seine äußeren Kiemen und den Siphon zurück. Mit der Zeit lernen Seehasen, unterschiedlich auf verschiedene Reize zu reagieren. Kandel beobachtete, wie sich die Nerven der einzelnen Seehasen bei der Bildung von Erinnerungen veränderten. Er stellte fest, dass Kurzzeiterinnerungen zu vorübergehenden Veränderungen in den Nervenverbindungen führen. Langzeiterinnerungen hingegen verursachen dauerhafte anatomische Veränderungen im Gehirn. Was für diese Weichtiere gilt, trifft auch auf den Menschen zu. Im Jahr 2000 erhielt Kandel den Nobelpreis für seine Arbeit zum Verständnis der Gedächtnisbildung, die durch Seehasen inspiriert wurde.

Im Jahr 2021 kam ein anderes Team von Wissenschaftlerinnen und Wissenschaftlern zu dem Schluss, dass künstliche Intelligenz noch intelligenter werden könnte, wenn sie sich mehr an Meeresschnecken orientierte. Zwei wichtige Anzeichen für Intelligenz in den einfachen Gehirnen von Seehasen sind Gewöhnung (Gewöhnung an einen Reiz im Laufe der Zeit) und Sensibilisierung (stärkere Reaktion auf einen neuen Reiz). Im Moment ist die KI nicht sehr gut darin, sich neue, wichtige Dinge zu merken, während sie Dinge vergisst, die nicht so wichtig sind. Den Wissenschaftlern ist es gelungen, ein Quantenmaterial durch Gewöhnung und Sensibilisierung dazu zu bringen, sich ähnlich wie Meeresschnecken zu verhalten – ein erster Schritt auf dem Weg zu besseren selbstfahrenden Autos und den so wichtigen Social-Media-Algorithmen.

PAZIFIK

Schwarzer Drachenfisch

Idiacanthus antrostomus

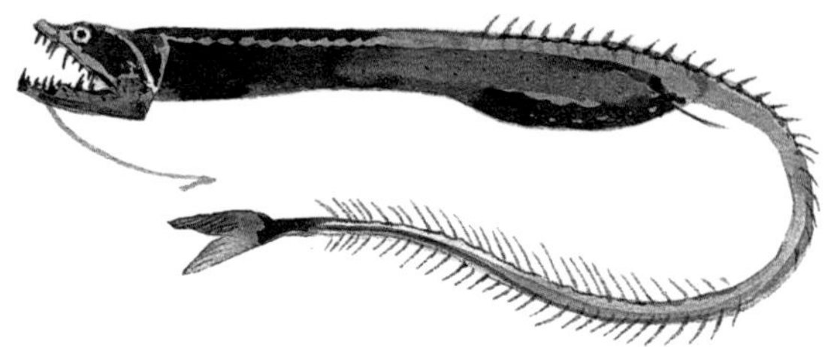

In den Gewässern der Dämmerungszone, Hunderte von Metern unter der Meeresoberfläche, gibt es Fische, die schwärzer sind als der sonnenlose Ozean selbst. Wissenschaftler wissen schon lange, dass viele Tiefseefische extrem schwarz sind. Zum einen sind sie schwer zu fotografieren; selbst mit mehreren auf sie gerichteten Blitzlichtern erscheinen sie auf Fotos als schwarze Umrisse ohne jegliche Merkmale, und ihre Haut saugt das Licht wie ein schwarzes Loch im Miniaturformat ein. Erst vor Kurzem haben Wissenschaftler herausgefunden, wie diese Tiere es schaffen, sich so schwarz zu färben.

Ihre Haut enthält mit Melanin gefüllte Strukturen, das Pigment, das auch in der Haut von Menschen und anderen Tieren vorkommt, nur viel dichter gepackt. Die Melaninkörnchen in der Haut von Tiefseefischen sind so angeordnet, dass sie Photonen abfangen. Stellen Sie sich einen Flipperautomaten vor, in dem ein Ball zwischen den Flippern und Bumpern hin- und herprallt; dasselbe passiert mit Licht, das sich zwischen Melaninkörnchen hin- und herbewegt. Das Licht dringt in die Haut ein, prallt seitlich ab und wird kaum noch reflektiert.

Ein Blatt schwarzes Bastelpapier absorbiert etwa 90 Prozent des einfallenden Lichts, ein neuer Autoreifen etwa 99 Prozent. Viele Tiefseefische absorbieren 99,95 Prozent des Lichts, das auf ihre Haut trifft. Dies entspricht in etwa der gleichen Absorptionsfähigkeit wie das schwärzeste vom Menschen hergestellte Material, Vantablack, das aus Kohlenstoff-Nanoröhren hergestellt wird. Diese Entdeckung bei Fischen hat Materialwissenschaftler begeistert, da sie eine neue und potenziell viel effizientere Methode zur Herstellung ultraschwarzer Materialien aufzeigt, die für verschiedene Zwecke verwendet werden können, etwa für die Verkleidung von Hochleistungsteleskopen.

Bei anderen Tieren wie Schmetterlingen und Paradiesvögeln gleicht die ultradunkle Färbung ihre helleren Pigmente aus, wodurch sie für potenzielle Partner auffälliger werden. Für Tiefseefische geht es bei der schwarzen Färbung darum, nicht gesehen zu werden – vor allem nicht von ihrem eigenen Licht. Schwarze Drachenfische sind, wie viele Tiefseefische, biolumineszierend. An ihrem Kinn baumelt ein langer Bartfaden mit leuchtender Spitze, der ihre Beute anlockt. Wahrscheinlich haben die Drachenfische ihre schwarze Haut entwickelt, um die Reflexion ihres eigenen Leuchtens zu vermeiden, denn der Köder funktionierte nicht, sähe die Beute den Räuber mit seinem riesigen, klaffenden Maul. Auch die Zähne der Drachenfische sind so strukturiert, dass sie im eigenen Licht nicht glitzern.

Neben der schwarzen Haut und den nicht leuchtenden Zähnen haben Tiefseefische eine Reihe von Merkmalen entwickelt, die ihnen helfen, mit den extremen Bedingungen in der Tiefe zurechtzukommen. Viele dieser Merkmale lassen Tiefseefische seltsam aussehen, aber es geht ihnen nur ums Überleben. Eine große Herausforderung ist es, genug Nahrung zu finden. Verschiedene Raubfische haben ein Maul und einen Magen, die groß genug sind, um jede noch so große Beute zu verschlingen, auf die sie stoßen. Schwarze Schlinger (*Chiasmodon niger*) haben einen riesigen dehnbaren Magen, der es ihnen ermöglicht, Fische zu verschlingen, die mehr als doppelt so groß sind wie sie selbst. Pelikanaale (*Eurypharynx pelecanoides*) und Sackmäuler (*Saccopharynx* spp.) haben riesige Mäuler, die bis zu einem Viertel ihrer Körperlänge einnehmen und sich wie Regenschirme öffnen. Koboldhaie (*Mitsukurina owstoni*) klappen ihr Maul auf rekordverdächtige 116 Grad auf und schleudern es um eine halbe Kopflänge nach vorn, um es dann in weniger als einer halben Sekunde wieder zu schließen.

Dreibeinfische, die auch als Spinnenfische (*Bathypterois* spp.) bekannt sind, verbringen einen Großteil ihrer Zeit hoch über dem Meeresboden auf der verlängerten unteren Schwanzspitze und ihren beiden verlängerten Beckenflossen, die dreimal so lang wie ihr Körper sein können. Durch diese Haltung werden sie in die Strömung gehoben, wo sie ihre langen, empfindlichen Brustflossen einsetzen, um vorbeiziehendes Plankton als Beute aufzuspüren.

Eine weitere seltsam anmutende, aber wichtige Anpassung vieler Tiefseefische sind ihre Augen. Glaskopffische (*Macropinna microstoma*) haben smaragdgrüne, kugelförmige Augen, die sich drehen, um die Silhouetten der über ihnen schwimmenden Beute zu verfolgen. Ihre Augen sind unter einer transparenten Kuppel versiegelt, die sie möglicherweise vor Stichen schützt, wenn sie sich an Staatsquallen heranschleichen und die Beute stehlen, die sich in deren Tentakeln verfangen hat.

Vampirtintenfisch

Vampyroteuthis infernalis

Der Vampirtintenfisch, oder Vampirkalmar, scheint auf den ersten Blick ein furchterregendes Tier zu sein. Er hat eine samtige, blutrote Haut, einen schnappenden weißen Mund und mit Schwimmhäuten versehene Arme, die mit scharf aussehenden Stacheln bedeckt sind. In Wirklichkeit handelt es sich um sanfte Geschöpfe, die mit der Größe eines Rugbyballs recht klein sind. Sie leben in der Tiefsee, in Hunderten von Metern Tiefe, und ernähren sich von flauschigen weißen Partikeln aus organischen Stoffen, die von oben herabsinken und als Meeresschnee bekannt sind (dieses Material hört sich nett an, aber es handelt sich hauptsächlich um totes Plankton und dessen Ausscheidungen, die zusammenklumpen und nach unten treiben). Vampirtintenfische fangen den Schnee, indem sie einen langen Faden ausrollen, der achtmal so lang ist wie ihr Körper, auf dem sich die Schneeflocken niederlassen. Dann rollen sie langsam ihre Fäden ein, kratzen die Schneeteilchen ab, klumpen sie zu Schneebällen zusammen und verschlucken sie.

Die Art wurde Ende des 19. Jahrhunderts von dem deutschen Zoologen Carl Chun im Rahmen der Valdivia-Expedition im Atlantik entdeckt, die den Nachweis erbringen sollte, dass Leben im Ozean in einer Tiefe von mehr als 300 Faden bzw. 550 Metern existiert. Wie der Vampirtintenfisch und viele andere gesammelte Exemplare zeigten, gibt es tatsächlich Leben weit unter den Wellen.

Ursprünglich wurden die Vampirtintenfische für Tintenfische gehalten, doch in Wirklichkeit sind sie eine Reliktgruppe, die zwischen Kalmaren und Tintenfischen angesiedelt ist. Verschiedene ausgestorbene Vampirtintenfisch-ähnliche wurden als Fossilien gefunden, aber *Vampyroteuthis infernalis* ist die einzige lebende Art.

Die Vampirtintenfische sind harmlos, aber wenn Sie einen wirklich furchterregenden Tintenfisch suchen, dann ist es der Humboldt-Kalmar (*Dosidicus gigas*). Die mexikanischen Fischer nennen ihn *diabolo rojo*, roter Teufel, und das aus gutem Grund. Diese Kalmare sind in der Regel 1,50 Meter lang und damit die drittgrößten Kalmare (nach dem Riesenkalmar und dem Koloss-Kalmar), sie haben eine tiefrote Haut und gelten als aggressive Räuber. Nachts jagen sie in koordinierten Schwärmen und schwimmen in Spiralen aus der Tiefsee an die Oberfläche, um Laternenfische und andere Tintenfische zu verfolgen. Wenn sich die Gelegenheit bietet, fressen sie sich gegenseitig auf, und es ist bekannt, dass sie Taucher angreifen. Jüngste Studien deuten darauf hin, dass Humboldt-Kalmare miteinander kommunizieren und ihre Jagd mithilfe von Mustern koordinieren, die über ihren Körper flackern. Sie können zudem ihre Haut zum Leuchten bringen, um ihre Botschaften in der Dunkelheit zu verkünden.

PAZIFIK

Säbelzahnschleimfisch

Meiacanthus atrodorsalis

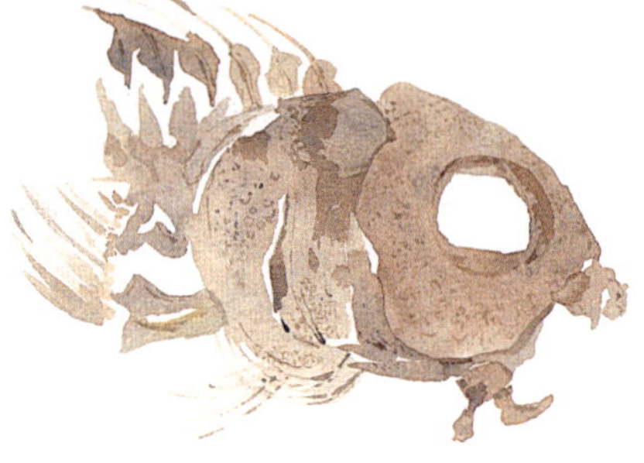

Kleine Fische, die Säbelzahnschleimfische genannt werden, haben ihren Namen von ihrem Aussehen: Sie zeichnen sich durch verlängerte bogenartige Unterkiefer-Eckzähne aus. Zudem haben sie einen eleganten schwarzen Augenstreifen, der von jedem Auge nach hinten führt, und einen sichelförmigen oder harfenförmigen Schwanz. Trotz ihrer winzigen Statur schwimmen sie furchtlos in ihren Korallenriffen umher, wohl wissend, dass sie eine mächtige Waffe in ihrem Maul tragen. Sie sind eine von nur zwei Gruppen von Fischen (die andere sind die wenig bekannten Tiefseeaale), deren Bisse giftig sind. Wenn ein großes Raubtier versucht, einen solchen Fisch zu verschlucken, ist die Wahrscheinlichkeit groß, dass es den Säbelzahnschleimfisch direkt wieder ausspuckt.

Fische sind die giftigsten Wirbeltiere. Fast 3000 bekannte Arten produzieren Gift – viel mehr als Giftschlangenarten –, obwohl die meisten ihr Gift in Stacheln am Körper und nicht durch die Zähne abgeben. Wie die Fähigkeit, Stromschläge zu erzeugen, haben sich auch die Gifte unter den Fischen immer wieder entwickelt, und zwar mindestens 18-mal unabhängig voneinander, unter anderem bei Rotfeuerfischen (*Pterois* spp.), Steinfischen (*Synanceia*) und Petermännchen (*Trachinidae*), auf die europäische Strandbesucher häufig treten und dann qualvoll gestochen werden. Die Fische verteidigen sich nur selbst; sie verwenden das Gift nicht, um Beute zu jagen.

Wissenschaftler haben herausgefunden, dass Säbelzahnschleimfische in ihren Giftdrüsen einen Chemikalienmix herstellen und diesen durch hohle Zähne injizieren. Einer ist ein Gift, das auch bei Skorpionen, Bienen und Schlangen vorkommt, Nerven schädigt und Entzündungen verursacht. Ein anderer ist ein Gift, das auch Kegelschnecken einsetzen und das den Blutdruck des Opfers in die Höhe schnellen lässt und Schwindelgefühle hervorruft.

Unter den Säbelzahnschleimfischen lauern verschiedene Imitatoren. Blaustreifen-Säbelschleimfische (*Plagiotremus rhinorhynchos*) treiben sich an Putzerstationen in Korallenriffen herum und geben vor, junge Blaustreifen-Putzerlippfische (*Labroides dimidiatus*) zu sein. Sie sehen den echten Putzerlippfischen so ähnlich, dass sie unentdeckt bleiben und mit ihrem Betrugsmanöver durchkommen. Statt einen ehrlichen Reinigungsservice anzubieten, bei dem sie Parasiten und abgestorbene Haut abstreifen, zerkleinern sie das lebende Gewebe des Kunden und betäuben ihn dabei eventuell mit einer Giftdosis. Verschiedene harmlose Fische haben sich auf eine Weise entwickelt, dass sie Säbelschleimfischen ähneln, um sich deren furchterregenden Ruf zunutze zu machen, ohne selbst eigenes Gift herstellen zu müssen.

KARIBISCHES MEER

Feuerfisch

Pterois spp.

Feuerfische sehen aus wie Fische, die man am besten in Ruhe lässt. Kräftige rot-weiße Streifen und lange, flatternde Stacheln zeigen ein scheinbar furchterregendes Tier – und genau das ist Absicht. Die Stacheln verursachen einen qualvollen und potenziell tödlichen Stich, und die leuchtenden Farben sind ein Warnzeichen, das sich in den letzten Jahren weltweit verbreitet hat.

Die zwei Arten, der Pazifische Rotfeuerfisch (*Pterois volitans*) und der Indische Rotfeuerfisch (*Pterois miles*), sind in Korallenriffen im Pazifik bzw. im Indischen Ozean heimisch. In den 1980er Jahren wurden sie jedoch vor der Küste Floridas gesichtet. Höchstwahrscheinlich wurden sie aus Heimaquarien ausgesetzt, entweder versehentlich oder absichtlich (niemand hat sich dazu bekannt). Möglicherweise wurden ursprünglich nur 12 Fische freigelassen, aber bald waren es viel mehr. In den 2000er Jahren machten sich die Rotfeuerfische auf den Weg nach Süden, in den Golf von Mexiko und in die Korallenriffe der Karibik. Bis 2014 hatten sie es sogar bis nach Brasilien geschafft.

Menschen siedeln alle möglichen wildlebenden Arten in der Welt um, aber wir hören in der Regel nur von denen, die in die Wildnis entkommen, sich vermehren und eine Plage darstellen. Feuerfische haben zufällig eine Reihe von Eigenschaften, die Ärger verursachen, nicht zuletzt ihre enorme Fruchtbarkeit. Bis zu ihrem ersten Geburtstag können sie alle zwei bis vier Tage laichen. Ein Weibchen gibt pro Jahr zwei Millionen Eier in schwimmenden Klumpen ab, die Hunderte oder Tausende von Kilometern treiben können, bevor sie schlüpfen.

Junge Feuerfische entwickeln sich schnell zu geschickten Räubern, die aus dem Hinterhalt jagen, und wenn sie weit von zu Hause entfernt sind, fällt ihnen die Jagd sehr leicht. Karibische Fische, vor allem Jungtiere, sehen den fremden Rotfeuerfisch nicht als Bedrohung an und haben nicht den Instinkt, wegzuschwimmen. Manche schwimmen sogar auf einen Feuerfisch zu und verstecken sich zwischen seinen langen Stacheln, die sie fälschlicherweise für Korallen halten, in denen sie Schutz suchen. Infolgedessen fressen sich die Feuerfische in der Karibik zu Tode. Wissenschaftler haben bei einigen von ihnen eine Fettlebererkrankung festgestellt, eine Fischvariante der Gicht, die normalerweise nur bei überfütterten Zierfischen auftritt.

Erschwerend kommt hinzu, dass Feuerfische in ihren neuen Verbreitungsgebieten keine einheimischen Fressfeinde haben. Haie und Zackenbarsche erkennen sie nicht als potenzielle Nahrung. Das Ergebnis ist, dass die Populationen einheimischer Fische nach der Ankunft der Feuerfische oft stark zurückgehen.

Seit Kurzem tauchen Feuerfische auch im Mittelmeer auf, zusammen mit Hunderten von Arten aus dem Roten Meer, die durch den Suezkanal eingewandert sind. In der Vergangenheit hielten die kühleren Temperaturen im Mittelmeer die tropischen Arten in Schach, aber mit der Erwärmung der Meere weiten viele von ihnen ihr Verbreitungsgebiet aus. Feuerfische wurden erstmals 1991 vor Israel gesichtet, überlebten aber nicht (vielleicht wegen der Winterkälte), und es dauerte weitere 20 Jahre, bis sich die Art auszubreiten begann. Heute leben Feuerfische im Libanon, in Syrien, in der Türkei, in Griechenland und auf Zypern und dringen in das Ionische Meer und die Ägäis vor.

Mit der Ausbreitung der Feuerfische haben auch die Bemühungen zugenommen, ihre Zahl einzudämmen. Die meisten Experten sind sich einig, dass sich Feuerfische nicht mehr vertreiben lassen, haben sie sich erst einmal eingenistet. Dennoch können ihre Auswirkungen auf die lokalen Ökosysteme durch einen eher ungewöhnlichen Ansatz zum Schutz der Meere verringert werden: möglichst viele der Fische zu fangen und zu essen. Bei Feuerfisch-Derbys werden Preise an Speerfischer vergeben, die an einem Tag den größten Feuerfisch, den kleinsten Feuerfisch und die meisten Feuerfische fangen. Für die Feuerfische, die ohne eigenes Verschulden an unerwünschten Orten gelandet sind, ist das ein hartes Los, aber keiner von ihnen muss einfach entsorgt werden. Die giftigen Stacheln der Feuerfische lassen sich leicht abschneiden, ihr Gift wird durch das Kochen unschädlich und ihr Fleisch schmeckt gut. Die Menschen haben auch damit begonnen, aus Feuerfischflossen Schmuck herzustellen.

In Teilen der Karibik, in denen die Feuerfische zuerst auftauchten, verbessert sich die Situation allmählich und die Zahl der Feuerfische geht zurück, was vielleicht auf die gezielte Fischerei zurückzuführen ist. Dies macht Hoffnung, dass das Schlimmste der Invasion an einigen Orten vorüber sein könnte.

KARIBISCHES MEER

Riesenzackenbarsch

Epinephelus itajara

Wie der Name schon sagt, sind Riesenzackenbarsche sehr große Fische. Ausgewachsene Tiere können von der Nase bis zum Schwanz 2,50 Meter lang werden und fast eine halbe Tonne wiegen – ähnlich einem großen Grizzly. Ein solcher Riese kann einen meterlangen Hai im Ganzen verschlucken. Und sie haben eine der lautesten und tiefsten Stimmen unter allen Fischen. Taucher, die sich in der Nähe eines Riesenzackenbarsches aufhalten, spüren ein inneres Zittern, wenn die vom Fisch produzierten Schallwellen durch das Wasser pulsieren. Höchstwahrscheinlich wetteifern die männlichen Zackenbarsche um ihr Revier und die Weibchen.

Es überrascht nicht, dass diese großen Fische ein verlockendes Ziel für Fischer sind, und in der Vergangenheit existierte ein kommerzieller Fischfang. Das Fleisch der Riesenzackenbarsche wurde für Hundefutter konserviert, und ihre Kadaver wurden mit Drogen gefüllt in die Vereinigten Staaten geschmuggelt. Meistens wurden die Riesenzackenbarsche jedoch von Sportfischern gejagt. So wie es Trophäenjäger gibt, die gerne große Landtiere wie Löwen und Elefanten erlegen, so gibt es auch solche, die sich auf große Fische konzentrieren.

Jahrzehntelang waren Riesenzackenbarsche bei Trophäenjägern in Florida sehr beliebt. Manchmal nahmen die Angler ihre Fänge mit nach Hause, um sie an die Wand zu hängen, aber meistens posierten sie nur für ein Foto neben ihren wertvollen Fängen, bevor sie sie tot ins Meer zurückwarfen. Archive mit Fotografien von Sportfischern aus Key West in Florida haben den historischen Niedergang der Goliaths dokumentiert. In den 1950er Jahren waren riesige Zackenbarsche, darunter auch Riesenzackenbarsche, die vorrangigste Art, die Sportfischer an den Haken nahmen. Auch große Haie waren beliebt, darunter Hammerhaie und Weiße Haie. Oft waren die Fische größer als die Menschen an Bord des Sportfischerboots. In den späten 1970er Jahren waren die meisten dieser großen Raubfische verschwunden. Stattdessen mussten sich die Sportfischer mit kleineren Arten wie Schnappern begnügen. Seit den 1990er Jahren ist es in Florida illegal, Riesenzackenbarsche zu fangen und zu töten, und ihr Bestand nimmt langsam wieder zu.

Ein naher Verwandter des Riesenzackenbarsches, der Nassau-Zackenbarsch (*Epinephelus striatus*), hat ebenfalls stark unter der Überfischung gelitten. Ähnlich wie der Napoleon-Lippfisch versammelt sich der Nassau-Zackenbarsch in großen Schwärmen, um zu vorhersehbaren Zeiten und an vorhersehbaren Orten zu laichen, was ihn zu einem leichten Ziel für die Fischer macht. Nassau-Zackenbarsche waren Grundlage für die wichtigsten Rifffischereien in der Karibik, bis ihre laichenden Ansammlungen zusammenbrachen und die Populationen völlig ausgelöscht wurden. Es gibt jedoch Anzeichen dafür, dass sich sogar Nassau-Zackenbarsche erholen können. Auf den Kaimaninseln wurden wissenschaftlich

fundierte Erhaltungsmaßnahmen eingeführt, um die Zackenbarsche zurückzubringen. Ihre Laichplätze sind vor dem Fischfang streng geschützt, und es gibt Beschränkungen für Fanggrößen und für die von den Fischern verwendeten Fanggeräte. Das Ergebnis ist, dass sich die Population der Nassau-Zackenbarsche rund um Little Cayman innerhalb von 15 Jahren verdreifacht hat und nun die größte bekannte Population dieser Art auf der Welt ist.

Fliegender Fisch

Exocoetidae

Zu Beginn des 20. Jahrhunderts, etwa zu der Zeit, als die Gebrüder Wright den Vögeln nacheiferten und mit dem ersten Motorflug, der schwerer als Luft war, abhoben, begannen Wissenschaftler, auch bei einer anderen Art von Flugtieren nach Ideen für den Bau von Flugzeugen zu suchen. Fliegende Fische sind ein besseres lebendes Analogon für Flugzeuge als die meisten Vögel, weil sie nicht mit den „Flügeln“ schlagen. Biologen stritten eine Zeit lang über dieses Detail, denn bei der Geschwindigkeit, mit der Fliegende Fische durch die Luft sausen, ist es nicht leicht zu erkennen, ob sie nun flattern oder ihre flügelähnlichen Flossen ruhig halten. Aber Fliegende Fische haben weder große Flugmuskeln wie Vögel noch einen Befestigungspunkt an ihrem Skelett. Sie gleiten. Unter den etwa 60 Arten Fliegender Fische gibt es einige „Eindecker“, die auf einem einzigen Flossenpaar (Brustflossen) gleiten, und einige „Doppeldecker“ mit zwei Paaren verlängerter Flossen (Brust- und Bauchflossen). Sie standen zwar nicht Pate für Flugzeuge, aber es ist schon merkwürdig, dass Fische und Menschen ähnliche Lösungen für die Herausforderung des Fliegens gefunden haben.

Die Flüge der Fliegenden Fische dauern im Allgemeinen weniger als eine Minute. Sie gewinnen an Geschwindigkeit, indem sie ihren Schwanz bis zu 70-mal pro Sekunde hin- und herbewegen, dann in die Luft springen und mehrere hundert Meter weit über die Wellen gleiten. Koreanische Wissenschaftler haben kürzlich tote, ausgestopfte Fliegende Fische in einem Windkanal getestet und festgestellt, dass sie beim Gleiten genauso effizient sind wie Falken.

Ein Fisch außerhalb des Wassers zu sein, hat für Fliegende Fische einige Vorteile. Früher dachte man, dass sie dadurch Energie sparen, aber es ist wahrscheinlicher, dass sie vor Delphinen, Goldbrassen und anderen Raubtieren fliehen. Fliegende Fische ändern in der Luft manchmal ihre Richtung, um Angreifer abzuschütteln.

Sushi-Kenner kennen *tobiko*, den schimmernden, orangefarbenen Rogen der Fliegenden Fische. Er wird in verschiedenen Ländern geerntet, insbesondere in Brasilien, wo die Fischer Bündel von Kokosnusspalmen ins Meer werfen. Die Weibchen der Fliegenden Fische legen ihre Eier in das schwimmende Floß und die Fischer entnehmen sie mit der Hand.

Auf Barbados werden die Fliegenden Fische sehr geschätzt, sind sie doch eine wichtige Zutat für das Nationalgericht *cou-cou*, und werden in Reisepässen und auf Dollarmünzen abgebildet. Es gibt auch einen Fliegenden Fisch, der aus dem Ozean in den südlichen Nachthimmel gesprungen ist und dort das Sternbild Volans bildet.

VOLANS

KARIBISCHES MEER

Seekuh

Sirenia

Über Seekühe sind viele Geschichten überliefert. Eine gängige ist die, dass Christoph Kolumbus sie 1472 in der Karibik entdeckte und berichtete, sie seien eine hässliche Version der schönen Meerjungfrauen, von denen er so viel gehört hatte. Der wissenschaftliche Name für diese Gruppe sanfter, pflanzenfressender Wassersäugetiere ist Sirenia. In ihrem gesamten Verbreitungsgebiet haben die beiden Gruppen der Seekühe, die Manatis und die Dugongs, Mythen angeregt und Menschen, Hybriden und Gottheiten verkörpert, die Land und Wasser umspannen.

Dugongs (*Dugong dugon*) leben an der Küste Ostafrikas und in ganz Asien, wo sie seit Jahrtausenden bekannt sind. Neolithische Felszeichnungen in Gua Tambun, Malaysia, zeigen eine Menagerie von Tieren, darunter einen Hirsch, einen Tapir, Schildkröten, eine Ziege und einen Dugong. Verschiedene südostasiatische Volksmärchen erzählen von der Herkunft dieser mysteriösen, menschenähnlichen Dugongs, bei denen es sich meist um Frauen handelte, die ins Wasser fielen und denen ein Fischschwanz wuchs. In Verbindung mit diesen Geschichten werden Dugongs vielerorts verehrt, und es bringt Unglück, ein Tier zu töten.

Anderswo wurden Dugongs traditionell gejagt. Vom Roten Meer und dem Arabischen Golf bis nach Nordaustralien wurden Dugongs früher wegen ihres Fleisches und Öls gefangen. Die Bajau Laut (Seenomaden) rund um Borneo jagen Dugongs nachts lautlos mit Speeren und halten ihr Fleisch für eine Delikatesse. In vielen Kulturen werden den Knochen, dem Öl und dem Fleisch der Dugongs übernatürliche Kräfte zugeschrieben. In China werden sie als „Wunderfische" bezeichnet, und ihr Öl wird als traditionelle Medizin verwendet, während in Teilen Indonesiens und Thailands die Tränen des Dugongs als Aphrodisiakum gelten. Auf der japanischen Insel Okinawa findet man in alten Grabstätten Knochen von Dugongs, die in Form von Schmetterlingen geschnitzt und mit Ocker rot gefärbt sind. Archäologen vermuten, dass diese Knochen in magischen Zeremonien verwendet wurden und vielleicht die Geister verkörpern, die die Seelen ins Jenseits geleiten.

Drei Sirenenarten leben auf beiden Seiten des Atlantiks – der Afrikanische Manati (*Trichechus senegalensis*), der Karibik-Manati (*Trichechus manatu*) und der Amazonas-Manati (*Tricheus inunguis*) –, wo es ähnliche traditionelle Vorstellungen und Verwendungszwecke gibt wie bei den Dugongs. Nigerianische Mythen warnen davor, dass man von einem Manati im Wasser gekitzelt wird, bis man ertrinkt. Ebenfalls in Nigeria wird Manatifleisch zur Behandlung von Diabetes verwendet, den Augen der Manatis werden magische Kräfte nachgesagt, und die im Magen des Manatis gefundenen Exkremente werden zur Heilung gebrochener Knochen verwendet.

Im Ost- und Westatlantik sind Manatis mit Erzählungen über Meerjungfrauen verbunden. Der afrikanische Wassergeist Mami Wata wird oft als Meerjungfrau dargestellt und manchmal mit Manatis in Verbindung gebracht. Diese kann verführerisch und gefährlich sein, Beschützerin, Heilerin und Überbringerin von Reichtümern. Sie wird in ganz Afrika in verschiedenen Formen verehrt und fand mit dem transatlantischen Sklavenhandel ihren Weg nach Amerika, wo sie eine wichtige Rolle als Beschützerin der versklavten Mütter und Kinder übernahm. Im Laufe der Jahrhunderte hat Mami Wata ihre Identität verändert und Elemente europäischer Meerjungfrauenlegenden, hinduistischer Gottheiten und islamischer Heiliger angenommen, aber sie ist in der zeitgenössischen Kunst und in Artefakten immer noch erkennbar.

Eine andere Seekuhart hat ihre ganz eigene Legende. Die Stellerschen Seekühe (*Hydrodamalis gigas*) lebten früher in den kalten Gewässern der Beringsee und waren mit einer Länge von bis zu 10 Metern dreimal so groß wie Dugongs und Manatis, bei weitem die größten Seekühe, die Menschen je gesehen haben. Die riesigen, mit einer Speckschicht überzogenen Seekühe schwammen im seichten Wasser, fraßen Algen und verständigten sich untereinander durch Schnauben und Seufzen.

Diese Seekühe wurden nach dem deutschen Entdecker, Zoologen und Botaniker Georg Wilhelm Steller benannt, der ihnen in den 1740er Jahren bei einem Schiffbruch auf den Commander-Inseln östlich von Kamtschatka in Russland begegnete. In der Folgezeit erwiesen sich die gutmütigen Kreaturen als allzu leicht zu töten. Berichten zufolge zogen Jäger sie einfach aus dem Wasser und ließen sie an den Stränden zurück, wo sie unter ihrem kolossalen Körpergewicht verendeten. Robbenfänger und Pelzhändler töteten sie wegen ihres Fetts und ihres Fleisches, das wie Corned Beef geschmeckt haben soll. Zum Ende des 18. Jahrhunderts waren die letzten der riesigen Seekühe ausgestorben und die Spezies damit ausgerottet. Jüngste DNA-Analysen aus den Knochen der Stellerschen Seekühe deuten darauf hin, dass sie schon lange, bevor die paläolithischen und später die modernen Menschen sie jagten, auf dem Rückzug waren. Seekühe lebten früher im gesamten nördlichen Pazifik, von Japan bis Kalifornien, aber der Klimawandel hat sie über Zehntausende von Jahren in eine Abwärtsspirale getrieben, von der sie sich nie mehr erholt haben.

KARIBISCHES MEER

Zitronenhai

Negaprion brevirostris

Über das Leben der Zitronenhaie ist mehr bekannt als über jede andere große Haiart, und sie tragen dazu bei, die immer noch bestehenden falschen Vorstellungen über diese zahnbewehrten Raubtiere zu korrigieren. Haie sind keine hirnlosen Tötungsmaschinen, wie viele Menschen vielleicht einmal angenommen haben, sondern besonnene Tiere mit Persönlichkeit, die in der Lage sind zu lernen und sich zu erinnern.

Eugenie Clark, die als Shark Lady bekannt wurde, war eine Pionierwissenschaftlerin, die als Erste mit Zitronenhaien arbeitete und der Öffentlichkeit zeigte, dass Haie zutiefst missverstanden wurden. In den 1950er Jahren führte sie in ihrer Forschungseinrichtung in Florida Studien mit Zitronenhaien in Meeresgehegen durch. Sie zeigte, dass Zitronenhaie wie andere Tiere, zum Beispiel Hunde, mithilfe von Futter zu bestimmten Handlungen erzogen werden können. Ihre Haie lernten, mit ihren Nasen auf eine gestreifte Zielscheibe unter Wasser zu drücken, wodurch eine Glocke ausgelöst wurde und sie mit einem Stück Fisch belohnt wurden. Es war zwar nicht ganz das Hai-Äquivalent zu Pawlows Hunden, und Clark untersuchte nicht, ob die Haie beim Klang einer Glocke speichelten, aber sie lernten schnell, was sie tun mussten, um Futter zu bekommen. Die Tests zeigten auch, dass sich die Haie den Trick mindestens einige Monate lang merken konnten. Im Winter sank die Wassertemperatur, und die Haie stellten die Nahrungsaufnahme ein. Als sich das Meer im Frühjahr wieder erwärmte, setzte Clark die Zielscheibe wieder ins Wasser, und die Haie wussten immer noch genau, was zu tun war.

Weitere Geheimnisse des Zitronenhais werden auf den Bahamas gelüftet, wo seit 1990 eine Forschungsstation für Haie betrieben wird. In den Mangrovenwäldern der Insel Bimini verbringen junge Zitronenhaie ihre ersten drei Jahre damit, sich zwischen Wurzeln und Stämmen unter Wasser vor größeren Raubtieren zu verstecken, während sie lernen, wie man jagt und überlebt. Zu bestimmten Tageszeiten tauchen sie aus den Mangroven auf und streifen über den sandigen Meeresboden, wo ihre gelbliche Färbung (daher ihr Name) zu ihrer Tarnung beiträgt.

Untersuchungen in der Umgebung von Bimini haben gezeigt, dass junge Haie sich gern in Gruppen zusammentun. Sie ziehen es vor, mit ihnen bekannten Haien zu schwimmen und nicht mit Fremden. Innerhalb der Gruppen gibt es Haie mit unterschiedlichen Persönlichkeiten. Einige sind mutig und führen gern, während andere sich damit begnügen, den anderen zu folgen. Ähnlich verhält es sich bei Zitronenhaien, die in großen Aquarienbecken gehalten werden. Es ist nicht bekannt, ob sie wirklich Freundschaften schließen, aber Zitronenhaie lernen schneller voneinander, wenn sie Teil eines gut etablierten sozialen Netzwerks sind.

Eng verwandte Haie aus dem Indopazifik, die Sichelflossen-Zitronenhaie, praktizieren eine Art Körpersprache. In Französisch-Polynesien brachten die Wissenschaftler eine Kamera an einer Köderbox an und filmten, wie die Haie sich bei der Futteraufnahme abwechselten. Zu ihrer Überraschung waren es nicht die größten Haie, die sich zuerst das Futter holten, sondern die mutigsten. Diejenigen, die an der Spitze der Hackordnung standen, behaupteten ihre Dominanz, indem sie aggressiv auf ihre Rivalen zuschwammen. Die rangniedrigeren Haie wandten sich stets ab und verhielten sich unterwürfig.

In Bimini hat eine 30-jährige Studie einen weiteren Aspekt des komplexen Lebens der Zitronenhaie aufgedeckt. Junge ausgewachsene Haie wurden mit Satellitensendern versehen und verfolgt, als sie ihre Gruppen in den Mangroven verließen und sich auf lange Wanderungen über Tausende von Kilometern begaben. Mehr als ein Jahrzehnt lang blieb diese Hai-Generation den Mangroven von Bimini fern, bis die Weibchen schließlich zurückkamen. Es hat sich herausgestellt, dass die weiblichen Zitronenhaie, wenn die Zeit für ihre eigenen Jungen gekommen ist, an den eigenen Geburtsort zurückkehren. Damit gehören Zitronenhaie in eine Reihe mit Lachsen, Meeresschildkröten und anderen großen Meeresbewohnern, die den Weg zurück zu ihrem Geburtsort finden. Wie Zitronenhaie navigieren, ist ein weiteres noch zu lösendes Rätsel, obwohl es sein könnte, dass ihre elektrosensiblen Schnauzen das geomagnetische Feld der Erde aufspüren und in ihrem Kopf eine gedankliche Landkarte zeichnen.

KARIBISCHES MEER (UND WELTWEIT)

Kugelfischartige

Tetraodontiformes

Kugelfische sind für zwei Dinge berühmt: ihre erstaunliche Fähigkeit, sich aufzublasen, und die Tatsache, dass der Verzehr eines Kugelfisches leicht tödlich sein kann. Früher hieß es, wenn Kugelfische Angst haben, schwimmen sie an die Meeresoberfläche und saugen Luft ein. Dann dümpeln sie wie ein Strandball herum, außer Reichweite der Kiefer von Unterwasserräubern. Tatsächlich bleibt ein erschreckter Kugelfisch an Ort und Stelle und schluckt Meerwasser, das einen Beutel in seinem Magen füllt. Dieser dehnt sich wie eine Ziehharmonika aus, bis der Körper des Fisches das Dreifache seines ursprünglichen Volumens erreicht hat. Der Effekt ist nicht, dass er im Wasser treibt, sondern dass er plötzlich zu einem großen Ball wird, den ein Angreifer nicht mehr greifen kann. Diese anatomische Meisterleistung der Hyperinflation ist möglich, weil die Haut eines Kugelfisches achtmal dehnbarer ist als die der meisten Fische. Außerdem haben Kugelfische keine Rippen oder Beckenknochen, die hinderlich sein könnten. Igelfische sind mit den Kugelfischen verwandt und haben Stacheln, die beim Aufblähen abstehen, was sie für ihre Feinde zu einem noch größeren Ärgernis macht.

Wenn ein Raubtier die erste Verteidigungslinie des Kugelfischs überwindet und einen Bissen zu sich nimmt, wartet eine weitere böse Überraschung auf ihn. Viele Teile des Kugelfisches, darunter die Haut, die Eingeweide und vor allem die Leber, sind mit einem starken Neurotoxin namens Tetrodotoxin (TTX) versetzt. Diese Chemikalie ist hundertmal tödlicher als Zyanid. TTX verleiht den Blaugeringelten Kraken ihren tödlichen Biss und macht den Verzehr verschiedener Molche, Kröten und Meeresschnecken extrem gefährlich. Das Gift blockiert die Nervensignale und führt zu Lähmungen und schließlich zum Erstickungstod. Es gibt kein bekanntes Gegenmittel.

Kugelfische vergiften sich nicht, da sie eine genetische Mutation haben, die verhindert, dass das TTX sich an ihre Nervenfasern bindet. Obwohl der Mensch keineswegs gegen das Gift resistent ist, isst er den Fisch schon seit Langem – und zwar sehr vorsichtig. Uralte Muschelhaufen in Japan, die bis in die Jōmon-Zeit vor 5000 Jahren zurückreichen, enthalten nicht nur weggeworfene Muschelschalen, sondern auch Kugelfischknochen. Die auch heute noch beliebte japanische Delikatesse *fugu* wird im Allgemeinen aus Kugelfischen der Gattung Takifugu hergestellt. Köche absolvieren eine mehrjährige Ausbildung, um eine Lizenz für den Umgang mit *fugu* zu erhalten, und lernen, die Leber zu entfernen, damit ihre Gerichte nicht tödlich sind.

Kugelfische nehmen TTX aus Bakterien in ihrem Futter auf. Inzwischen ist es möglich, giftfreie Kugelfische in Gefangenschaft zu züchten und die Bakterien aus ihrer Nahrung zu entfernen, sodass sie völlig sicher verzehrt werden können. Dennoch besteht bei eingefleischten *fugu*-Fans nach wie vor eine große Nachfrage nach wild gefangenen Exemplaren.
In der Karibik wird der Kugelfisch-Extrakt mit einem etwas dubioseren Rezept in Verbindung gebracht. Priester der afrikanischen Voodoo-Religion sind für ihre Fähigkeit bekannt, Menschen in Zombies zu verwandeln. Tränke, die aus den zermahlenen Stücken verschiedener schädlicher Tiere, darunter auch Kugelfische, hergestellt werden, sollen die Menschen davon überzeugen, dass sie gestorben sind und als lebende Tote zurückkehren. Welche Rolle der Kugelfisch-Extrakt und TTX dabei genau spielen, bleibt unklar.

Zu den nahen Verwandten der Kugelfische gehören die Drückerfische, deren Name von dem scharfen Stachel auf ihrem Rücken stammt, der durch einen Auslösemechanismus aktiviert wird. Sie benutzen ihn, um sich in Spalten eines Korallenriffs zu verkeilen, damit Raubtiere sie nicht herausziehen können. Kofferfische sind, wie ihr Name schon sagt, in einem knöchernen Koffer eingeschlossen. Bei Alarm stoßen sie einen giftigen Schleim ins Wasser aus. Sonnenbarsche sind Cousins der Kugelfische, die sich verteidigen, indem sie einfach viel größer sind als fast alles andere.

Während Kugelfische und ihre Verwandten mit ihrer Verteidigung beschäftigt zu sein scheinen, gibt es unter diesen Arten auch viel Schönes zu entdecken. Viele Kugelfische, Drückerfische und Kofferfische haben verschlungene Muster und schillernde Farben. Einige Arten sind zudem begabte Künstler. In den Meeren um den Amami-Archipel in Japan tauchten mysteriöse Kreise von 2 Metern Durchmesser auf dem sandigen Meeresboden auf, die wie Unterwasser-Kornkreise aussahen. Die Menschen rätselten lange darüber, bis Taucher 2011 schließlich einen weiß gefleckten Kugelfisch im Sand zeichnen sahen.

Ein männlicher Kugelfisch arbeitet mindestens eine Woche lang an seinem Kunstwerk. Er schwimmt über den Meeresboden, fächert den Sand mit seinen Flossen auf und formt einen Kreis, den er dann mit Muscheln und Korallenstücken verziert. Er will damit die Aufmerksamkeit eines Weibchens auf sich lenken, das hoffentlich vorbeischwimmt und seine Eier in das exquisite Nest legt. Dann wacht das Kugelfischmännchen über die Eier, bis sie schlüpfen.

KARIBISCHES MEER

Riffbarsch

Pomacentridae

Riffbarsche sind nur klein – die meisten Arten sind handtellergroß –, aber man könnte meinen, dass sie sich ihrer winzigen Größe nicht bewusst sind, wenn man sieht, wie sich einige von ihnen verhalten. In Korallenriffen machen sie Jagd auf viel größere Fische und greifen sogar Taucher an, indem sie sich wütend auf deren Masken stürzen. Aber diese harmlosen Pflanzenfresser werden Ihnen nichts tun; sie verteidigen nur ihr Revier. Riffbarsche gehören – neben Ameisen und Yeti-Krabben – zu den wenigen nicht-menschlichen Tieren, die ihre Nahrung selbst züchten. Die kleinen Fische säen aber keine Samen aus, sondern lassen sie aus der Umgebung heranwehen und reißen dann alle unappetitlichen Algen heraus, sodass nur die weichen, köstlichen Sorten übrig bleiben. Man nimmt an, dass die frühen Menschen ähnlich vorgingen, als sie begannen, Wildpflanzen zu jäten, um essbare Pflanzen zu züchten.

Die ichthyologischen Bauern gehen noch einen Schritt weiter, indem sie Eindringlinge von ihren Farmen verjagen, die so groß wie Tischtennisplatten sein können. Sie benutzen sogar ihre Mäuler, um weidende Seeigel an den Stacheln zu packen und sie in einiger Entfernung fallen zu lassen. Und sie tun dies aus gutem Grund. Wenn Wissenschaftler versuchsweise Riffbarsche von ihren Farmen fernhalten, zeigt sich, dass Eindringlinge in nur wenigen Tagen die angebauten Pflanzen zerstören.

Ein weiterer Aspekt der Haltung von Riffbarschen ist kürzlich bekannt geworden. Einem Team von Meeresbiologen in Belize fiel auf, dass sich in vielen Farmen von Langflossen-Riffbarschen (*Stegastes diencaeus*) Schwärme winziger Garnelen, sogenannte Schwebegarnelen, tummelten. Sie vermuteten, dass die Garnelen in diesen gut verteidigten Revieren Schutz vor Räubern suchen. Um diese Idee zu testen, setzten die Wissenschaftler Garnelen in Plastikbeuteln an verschiedenen Stellen unter Wasser aus und beobachteten, wie oft Raubtiere versuchten, sie zu fressen. Außerhalb einer Riffbarschfarm wurden die Garnelen sehr viel häufiger angegriffen.

Dies wirft die Frage auf, warum Riffbarsche die Garnelen nicht verjagen oder gar fressen (Riffbarsche sind keine strengen Vegetarier). Weitere Untersuchungen in Belize ergaben, dass die Garnelen mit ihren Ausscheidungen Nährstoffe abgeben, die als Dünger für die Algen dienen. Taucher stellten fest, dass in Farmen mit Garnelen die gehegten Algen besser wachsen und Riffbarsche gesünder und besser ernährt sind als in Farmen ohne Garnelen. All dies deutet darauf hin, dass die Riffbarsche die Garnelen domestiziert haben und wie Vieh halten. Dies ist das erste bekannte Beispiel für die Domestizierung eines anderen Wirbeltieres, abgesehen vom Menschen. Es ist wahrscheinlich, dass sich ähnliche Umstände in der fernen Vergangenheit abspielten, als der Mensch Schweine, Katzen, Hühner und Hunde domestizierte. Wildtiere wurden durch Essensreste

und Unterschlupf in menschliche Siedlungen gelockt, und vielleicht auch, weil die Menschen Raubtiere fernhielten. Mit der Zeit gewöhnten sich die Tiere an die Anwesenheit des Menschen, und beide Seiten fanden, dass das Zusammenleben für sie von Vorteil war.

Weltweit gibt es fast 400 Arten von Riffbarschen, die hauptsächlich in Korallenriffen leben. Abudefdufs (*Abudefduf* spp.) zeigen ihre Streifen, und Grüne Schwalbenschwänzchen (*Chromis viridis*) hängen in schimmernden Schwärmen über Korallen. Leuchtend orangefarbene Riffbarsche namens Garibaldifische (*Hypsypops rubicundus*) leben in riesigen Algenwäldern an der kalifornischen Küste.

Riffbarsche sind nicht nur kühn, sondern auch sehr geräuschvoll. Sie geben zischende, knallende und zirpende Geräusche von sich, indem sie mit den Zähnen knirschen, um miteinander zu flirten und Eindringlinge von ihren Farmen zu verscheuchen. Im Jahr 2016 hörten Taucher am Great Barrier Reef die Ambon-Demoiselles (*Pomacentrus amboinensis*), die ein Geräusch von sich gaben, das sie noch nie zuvor gehört hatten. Die Riffbarsche quietschten wie ein Scheibenwischer. Wahrscheinlich hatten sie sich einen neuen Ruf zugelegt, um sich über den Lärm eines belebten Riffs hinweg bemerkbar zu machen.

In Indonesien haben Wissenschaftler die Geräusche eines Korallenriffs aufgezeichnet, das sich von der jahrzehntelangen Dynamitfischerei erholt, bei der dröhnender Sprengstoff ins Wasser geworfen wurde, um Fische zu töten, aber das gesamte Riff verwüstete. Jahrelang war es still, aber mithilfe der ausgepflanzten Korallenteile gesundet das Ökosystem und Geräusche kehren zurück. Unter den schnatternden Fischstimmen erkennen die Wissenschaftler das Rufen der Riffbarsche. Außerdem gibt es ein geheimnisvolles Lachen, das niemand identifizieren kann.

KARIBISCHES MEER
(SOWIE ATLANTIK, INDISCHER OZEAN UND PAZIFIK)

Seepferdchen

Hippocampus spp.

Seepferdchen sind seltsame Geschöpfe. Sehen Sie sich nur das Zwerg-Seepferdchen (*Hippocampus bargibanti*) an – nicht mal so groß wie ein Daumennagel, bedeckt mit rosa Pickeln und mit einem Miniatur-Pferdekopf, einem Känguru-Beutel und einem Affengreifschwanz. Zwerg-Seepferdchen wurden ursprünglich 1969 in Neukaledonien entdeckt, und zwar ganz zufällig, als ein Aquariensammler Fächerkorallen sammelte und später zwei winzige Seepferdchen entdeckte, die sich daran festhielten. Es gibt mindestens 45 weitere bekannte Seepferdchenarten weltweit, von denen die größten etwa eine Handbreit groß sind. Sie alle tragen den wissenschaftlichen Namen *Hippocampus*, der sich aus den altgriechischen Wörtern für „Pferd“ und „Seeungeheuer“ zusammensetzt und auf die mythischen Eigenschaften hinweist, die ihr magisches Aussehen umgeben.

Die Menschen kennen Seepferdchen schon lange und haben sich immer wieder gefragt, was für ein Tier sie sind. Sind sie Raupen, Krabben oder schwimmende Miniaturdrachen? Die Fischer im antiken Griechenland glaubten, dass Seepferdchen im Mittelmeer die Nachkommen der Hippokampen seien, jener Fabelwesen mit den Vorderbeinen eines Pferdes und dem Schwanz eines Fisches, die in den griechischen Mythen den Wagen des Poseidons zogen. Hippokampen erscheinen auf altägyptischen Sarkophagen und phönizischen Münzen. Sie galoppierten durch die antike römische Mythologie und wurden im Mittelalter von den schottischen Pikten in Stein gemeißelt.

Seit Jahrhunderten werden getrocknete Seepferdchen in der Volksmedizin zur Behandlung aller möglichen Leiden eingesetzt, von Asthma bis zu Knochenbrüchen, von Inkontinenz bis zu Impotenz. Auch heute noch erzielen mit Seepferdchen versetzte Tränke als traditionelle chinesische Medizin hohe Preise. Die Sorge über den nicht nachhaltigen Fang hat viele Länder dazu veranlasst, die Ausfuhr von Seepferdchen zu verbieten, doch der Schwarzmarkt blüht weiter, und jedes Jahr werden mehrere 10 Millionen Exemplare gefangen, von denen sich die meisten in den Netzen der Garnelenfischer verfangen. Mehrere Arten sind daher vom Aussterben bedroht.

Was die westliche Wissenschaft betrifft, so enthalten Seepferdchen keine potenten Moleküle, die ihre angeblichen medizinischen Eigenschaften erklären würden. Unter ihrem übernatürlichen Äußeren sind sie einfach nur Fische, wenn auch anders als alle anderen. Seepferdchen sind die einzigen Fische mit einem Hals. Statt einer Schwanzflosse zum Schwimmen haben sie ein sich windendes Anhängsel und den Zwang, sich an Dingen festzuhalten. Das vielleicht Seltsamste ist, dass sie die einzigen Tiere sind, bei denen die Männchen schwanger werden. Die Seepferdchenpartner vollziehen ein elegantes Balzritual, bei dem sie mit ineinander verschlungenen Schwänzen tanzen, woraufhin das Weibchen die

Eier in die Bauchtasche des Männchens legt. Das Männchen befruchtet die Eier mit seinen Spermien und beginnt mit der zweiwöchigen Trächtigkeit, wobei es die heranwachsenden Jungtiere in seinem Beutel mit Sauerstoff und Nahrung versorgt. Bei vielen Arten bleibt ihm die Partnerin treu und besucht ihn täglich, und sie tanzen weiter, um ihre Paarbeziehung aufrechtzuerhalten. Schließlich bringt das Männchen das Kind zur Welt, wobei es mit den Kontraktionen seines Beutels prustet und schnauft, bis ein Schwarm winziger, voll ausgebildeter Seepferdchenbabys zum Vorschein kommt. Die Jungtiere brauchen keine Hilfe mehr von ihren Eltern und treiben davon, um ihr eigenes Leben zu beginnen.

Seepferdchen leben an den meisten Küsten der Welt, in allen Meeren außer den kältesten. Sie halten sich häufig in Korallenriffen, Seegraswiesen und Mangrovenwäldern auf und sind nur schwer zu entdecken. Tarnung ist eine wichtige Überlebenstaktik für diese langsam schwimmenden Fische. Sie verschwinden aus dem Blickfeld und passen Farbe und Struktur ihrer Umgebung an, während sie auf Beute warten, meist winzige, zuckende Krebstiere, sogenannte Ruderfußkrebse. Mit einer schnellen Bewegung seiner langen Schnauze saugt das Seepferdchen sein Ziel in einem Bruchteil einer Millisekunde ein, wobei die Trefferquote bei 80 Prozent liegt, was diese kleinen Fische zu den tödlichsten Räubern der Welt macht.

Diese seltsame Gruppe von Fischen gehört zu einer nicht minder exzentrischen Familie, den Seenadeln, oder Syngnathidae (von den lateinischen Wörtern für „verschmolzene Kiefer“, was auf die Tatsache hindeutet, dass ihre Mundwerkzeuge zu einer Röhre verbunden sind). Zu der Familie der Seenadeln gehören auch die schlanken Cousins der Seepferdchen, die Grasnadeln (Syngnathinae), die wie lebende Schnürsenkel aussehen. Zwergnadelpferdchen (Hippocampinae) liegen evolutionär und anatomisch irgendwo zwischen Seepferdchen und Seenadeln. An den Küsten Australiens tummeln sich die drei wohl prächtigsten Syngnathiden-Arten: die Seedrachen. Der Kleine Fetzenfisch und der Große Fetzenfisch (*Phyllopteryx taeniolatus* bzw. *Phycodurus eques*) verstecken sich in Algenwäldern und Seegraswiesen entlang der Südküste Australiens. Die auffällige Farbe der Roten Seedrachen (*Phyllopteryx dewysea*) hilft ihnen, sich in tieferen Gewässern zu verstecken, in das kein rotes Sonnenlicht eindringt, um sie zu beleuchten, sodass sie schattenhaft und undeutlich erscheinen.

Es werden auch neue Seepferdchenarten entdeckt, wie das 2020 in der Sodwana Bay in Südafrika entdeckte Zwerg-Seepferdchen, *Hippocampus nalu*. In den Sprachen des südlichen Afrikas Xhosa und Zulu bedeutet *nalu* so viel wie „hier ist es“, was bedeutet, dass diese winzigen Seepferdchen schon immer da waren und nur auf ihre Entdeckung gewartet hatten.

KARIBISCHES MEER
(SOWIE INDISCHER OZEAN UND PAZIFIK)

Kaiserfisch und Falterfisch

Pomacanthidae und *Chaetodontidae*

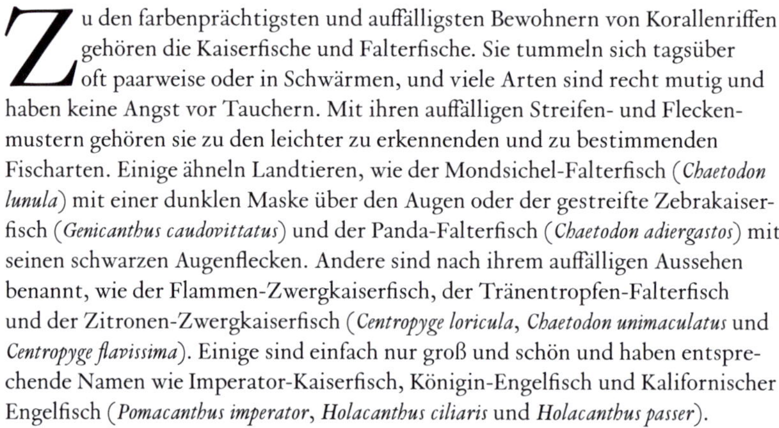

Zu den farbenprächtigsten und auffälligsten Bewohnern von Korallenriffen gehören die Kaiserfische und Falterfische. Sie tummeln sich tagsüber oft paarweise oder in Schwärmen, und viele Arten sind recht mutig und haben keine Angst vor Tauchern. Mit ihren auffälligen Streifen- und Fleckenmustern gehören sie zu den leichter zu erkennenden und zu bestimmenden Fischarten. Einige ähneln Landtieren, wie der Mondsichel-Falterfisch (*Chaetodon lunula*) mit einer dunklen Maske über den Augen oder der gestreifte Zebrakaiserfisch (*Genicanthus caudovittatus*) und der Panda-Falterfisch (*Chaetodon adiergastos*) mit seinen schwarzen Augenflecken. Andere sind nach ihrem auffälligen Aussehen benannt, wie der Flammen-Zwergkaiserfisch, der Tränentropfen-Falterfisch und der Zitronen-Zwergkaiserfisch (*Centropyge loricula*, *Chaetodon unimaculatus* und *Centropyge flavissima*). Einige sind einfach nur groß und schön und haben entsprechende Namen wie Imperator-Kaiserfisch, Königin-Engelfisch und Kalifornischer Engelfisch (*Pomacanthus imperator*, *Holacanthus ciliaris* und *Holacanthus passer*).

Eine offensichtliche Erklärung dafür, warum diese Tiere so leuchtend und auffällig sind, ist, dass sie sich gegenseitig ihre Identität mitteilen wollen. Kaiserfische und Falterfische sind sehr territorial und aggressiv gegenüber anderen. Ihre aufdringlichen „Plakatfarben", wie Ichthyologen sie nennen, dienen wahrscheinlich dazu, ihr Territorium abzustecken – wie entrollte Fahnen am Riff – und Eindringlinge abzuwehren. Das könnte der Grund sein, warum junge Kaiserfische oft völlig anders aussehen als die Erwachsenen und ihre unverwechselbaren Plakatfarben erst dann entwickeln, wenn sie heranwachsen und bereit sind, ihr eigenes Revier übernehmen.

Wie ihre Namensvettern, die Insekten, haben viele Falterfische dunkle Flecken auf ihrem Körper, die manchmal blau schillernd umrandet sind und wie Augen aussehen. Inzwischen verstecken viele von ihnen ihre echten Augen unter einem dunklen Band. Die falschen Augen sollen die Aufmerksamkeit von Raubtieren ablenken, die eher den Kopf und die Augen ihrer Beute attackieren. Raubtiere werden auf diese Weise verwirrt, da sie glauben, dass ein Schmetterlingsfisch sie anschaut, dieser dann aber in eine unerwartete Richtung davonschwimmt.

Neue Technologien helfen Wissenschaftlern bei der Entdeckung von Kaiser- und Falterfischarten in Gewässern, die früher unerreichbar waren. Mit einer normalen Tauchausrüstung können Taucher sicher bis auf 30 oder 40 Meter unter Wasser gehen. Mit Wiedereinatmungsgeräten können Taucher ihre ausgeatmeten Luftblasen zirkulieren lassen, und mit dem zusätzlichen Sauerstoff können sie so viel länger und tiefer unter Wasser bleiben. Auf diese Weise entdeckten Tauchwissenschaftler eine neue ökologische Zone an Korallenriffen, die zwischen 30 und 150 Metern Tiefe liegt. Sie nannten sie die mesophotische

(„mittelhelle") Zone, weil die Lichtverhältnisse dort niedrig sind, obwohl noch nicht die volle Dunkelheit der Tiefsee herrscht. In diesem Schattenreich lebt eine besondere Ansammlung von Korallen, Schwämmen, Algen und Fischen, darunter auch Arten von Kaiser- und Falterfischen, die nicht tiefer leben.

Viele Kaiserfische aus dem Mesophotikum sind selten zu sehen, wie der Schwarzkopf-Rauchkaiserfisch (*Apolemychthys guezei*), der nur zweimal fotografiert wurde, und der Cook-Zwergkaiserfisch (*Centropyge boylei*), für den Aquarianer offenbar schon hohe Summen geboten haben. Vor einigen Jahren sammelten Taucher einen lebenden Falterfisch von einem mesophotischen Riff auf den Philippinen ein. Erst als sie ihn für eine Aquarienausstellung an der California Academy of Sciences in die Vereinigten Staaten brachten, stellten sie fest, dass die Art noch nicht beschrieben worden war. Sie nannten ihn *Roa rumsfeldi*, Rumsfelds Falterfisch, nach dem amerikanischen Politiker Donald Rumsfeld, der davon sprach, dass es im Krieg sowohl die bekannten Unbekannten als auch die unbekannten Unbekannten gäbe, die, von denen wir nicht wüssten, dass wir sie nicht kennen. Dieser kleine Falterfisch, der sich in den tiefen mesophotischen Riffen versteckt, ist eine von vielen ichthyologischen Unbekannten, die nach und nach ans Licht kommen.

Tief unten im Schattenreich sind Falterfische wichtige Indikatoren für den Zustand der Korallenriffe. Viele Arten ernähren sich ausschließlich von Korallenpolypen, die sie zart anknabbern, und gedeihen daher nur in Gebieten, in denen es viele lebende Korallen gibt. Das Zählen von Falterfischen kann ein nützliches Mittel sein, um festzustellen, wie gut es um ein Riffökosystem bestellt ist: je mehr Falterfische, desto gesünder die Korallen.

Riesen-Flügelschnecke

Aliger gigas

Seit Jahrtausenden essen die Menschen in der Karibik die Riesen-Flügelschnecke und verwenden die Schalen als Schmuck und Werkzeug. Der Aztekengott Quetzalcóatl wird mit einem „Windjuwel" abgebildet, das aus einer in zwei Teile geschnittenen Muschelschale besteht. Flügelschneckenschalen wurden als Opfergaben in aztekischen Gräbern hinterlassen und als Intarsien in Ornamenten verwendet, oft zusammen mit roten Stachelausternschalen. Auf Maya-Schnitzereien sind Menschen abgebildet, die mit Flügelschneckenschalen in der Hand kämpfen und sie wie Boxhandschuhe benutzen. Die Maya verwendeten Flügelschneckenschalen auch als zeremonielle Trompeten.

Wie viele große Meeresschneckenhäuser kann auch die Muschel einer Riesen-Flügelschnecke in ein Musikinstrument verwandelt werden, indem man die Spitze abschneidet und hineinbläst. Die Luft schwingt in dem großen, hohlen Hohlraum der Muschel und erzeugt einen relativ klangvollen Ton, ähnlich dem eines Blechblasinstruments. Die Physik der Muscheltrompeten erklärt auch die alte Geschichte, dass man das Rauschen des Meeres hört, wenn man eine Muschel an das Ohr hält. Was man hört, ist in Wirklichkeit der verstärkte und mitschwingende Klang des Bluts, das durch die Ohren rauscht, und andere Umgebungsgeräusche. Muscheltrompeten werden traditionell auch aus anderen Meeresschneckenarten auf der ganzen Welt hergestellt, zum Beispiel aus dem Tritonshorn (*Charonia tritonis*) auf den pazifischen Inseln und aus der Echten Birnschnecke (*Turbinella pyrum*), die von buddhistischen Mönchen im Himalaya verwendet wird.

Die Gehäuse der Flügelschnecke sind nach wie vor bei Sammlern in aller Welt beliebt. Sie werden auch gerne für die Herstellung von Kameen verwendet, ovalen Schmuckstücken, in die das Profil einer Person eingearbeitet ist. Riesige Haufen von Gehäusen sind ein Beweis dafür, dass die Menschen viele dieser Schnecken verspeist haben. Daher sind lebende Flügelschnecken in den Seegraswiesen der Karibik, des Golfs von Mexiko und im Nordosten Brasiliens ein seltener Anblick geworden.

KARIBIK

Schaufelnasen-Hammerhai

Sphyrna tiburo

Schaufelnasen-Hammerhaie sind schon für mehrere große Überraschungen gut gewesen, seitdem die Menschen sie besser kennenlernten. Im Jahr 2001 brachte ein Schaufelnasen-Hammerhai-Weibchen, das in einem Aquarium in Omaha, Nebraska, lebte, ein Jungtier zur Welt, das keinen Vater hatte. Der Hai, der ursprünglich vor Florida gefangen worden war, wurde drei Jahre lang in einem Becken mit ausschließlich weiblichen Tieren gehalten, ohne die Gesellschaft von männlichen Haien. Es war gut möglich, dass sie Spermien von einer früheren Begegnung mit einem Männchen gespeichert hatte, aber Gentests ergaben, dass ihr Junges ihr Klon war, mit identischer DNA.

Der Prozess, bei dem sich eine Eizelle direkt zu einem Embryo entwickelt, ohne von Spermien befruchtet zu werden, wird als Parthenogenese bezeichnet. Sie kann bei verschiedenen Tieren auftreten, etwa bei Schlangen, Salamandern, Insekten, Schnecken und Spinnen. Der Schaufelnasen-Hammerhai war jedoch der erste Hai, der dieses Verhalten zeigte, das sich vermutlich entwickelt hatte, damit sich die Tiere in Zeiten, in denen es schwierig ist, Partner zu finden, fortpflanzen können. Seit der „Jungfrauengeburt" des Schaufelnasen-Hammerhais haben sich mehrere andere Haiarten in Aquarien durch Parthenogenese fortgepflanzt, darunter Weißgepunktete Bambushaie (*Chiloscyllium plagiosum*), Kleine Schwarzspitzenhaie (*Carcharhinus limbatus*) und Zebrahaie (*Stegostoma tigrinum*).

Schaufelnasen-Hammerhaie haben gezeigt, dass nicht alle Haie blutrünstige Fleischfresser sind. Einige fressen sogar Gras. Wenn man in der Vergangenheit Haifische in freier Natur dabei beobachtete, wie sie Seegras kauten, nahm man allgemein an, dass dies nur zufällig geschah und die Haie sich vielmehr auf ihre Zielbeute – Krebse, Garnelen, Fische und Schnecken – stürzten. Ein Team von Wissenschaftlerinnen und Wissenschaftlern beschloss, der Sache auf den Grund zu gehen. Sie hielten mehrere Schaufelnasen-Hammerhaie in einem Aquarium mit Kalmaren und Seegras als Futter. Eine Reihe von Tests ergab, dass die Haie echte Allesfresser sind. Sie haben keine Zähne, mit denen sie Seegras zerkleinern können, aber sie schlucken große Brocken, die durch starke Magensäuren zersetzt werden können. Die Haie haben in ihrem Magen Enzyme, die ihnen helfen, zähes Pflanzenmaterial zu verdauen. Die chemische Analyse ergab, dass Seegras mehr als die Hälfte der Nahrung der Haifische ausmachte.

Diese Erkenntnis lässt die Haie in einem völlig neuen Licht erscheinen und zeigt, dass Seegraswiesen nicht nur ein wichtiger Lebensraum für Schildkröten, Seekühe sowie verschiedene wirbellose Tiere und kleinere Fische sind, sondern auch für Haie. Darüber hinaus legt sie nahe, dass Wissenschaftler gut daran täten, der Ernährung anderer Tiere, die als eingefleischte Fleischfresser gelten, mehr Aufmerksamkeit zu schenken.

Es gibt verschiedene Erklärungsansätze für die bizarr breiten Köpfe der Schaufelnasen-Hammerhaie und anderer Hammerhaie. Die sogenannten Cephalofoils könnten ihnen zusätzlichen Auftrieb und Manövrierfähigkeit verleihen. Außerdem bieten sie eine große Oberfläche für Sinnesorgane, die Gerüche und schwache elektrische Signale von Beutetieren wahrnehmen, die sich am Meeresboden verstecken. Mit ihren weit auseinanderstehenden Augen haben Hammerhaie auch ein verbessertes beidäugiges Sehvermögen, das ihnen hilft, Beute zu verfolgen und zu jagen.

Narwal

Monodon monoceros

Zu den Insignien, die Königin Elisabeth I. im Juwelenraum des Tower of London aufbewahrte, gehörten verschiedene Gegenstände, die aus den Stoßzähnen des Narwals gefertigt waren, auch als Ainkhürn oder Horn des Einhorns bekannt. Ein überliefertes Inventar enthält einen Ainkhürn-Becher und mehrere Zepter aus Ainkhürn, die mit Silber und Kristallen verziert waren. Historiker vermuten, dass die Königin diese Gegenstände als Symbole sammelte, um ihren ungewöhnlichen Status als unverheiratete Monarchin zu feiern, denn es hieß, dass Einhörner nur von Jungfrauen gefangen werden konnten.

Jahrhundertelang gab es einen lukrativen internationalen Handel mit Ainkhürn. Im mittelalterlichen Europa war der Glaube weit verbreitet, dass das Trinken aus einem Becher aus „Einhornhorn" vor Gift schütze. Spinnen, die in den Becher gesetzt wurden, wiesen auf die Echtheit des Horns hin, wenn sie schnell ihre Beine einrollten und starben. Für Menschen, die sich keinen teuren Becher leisten konnten, schützte eine Prise gemahlenes Ainkhürn vor einer Reihe von Beschwerden.

Im Nachhinein ist es leicht, über die leichtgläubigen Menschen zu lachen, die gutes Geld für diese erfundenen Medikamente bezahlten, aber sie entstanden in einer Zeit, in der ein Großteil der Welt noch unerforscht war und niemand mit Sicherheit wusste, ob diese Tiere wirklich existierten oder nicht. Mit der Zeit stellte sich heraus, dass dänische Händler diese Hörner aus den Meeren um Grönland gesammelt hatten, indem sie den mittelgroßen Walen, die Narwale genannt wurden, die länglichen, spiralförmigen Backenzähne herausrissen.

Lange nachdem die wahre Identität des Ainkhürns aufgedeckt wurde, umgibt die Stoßzähne der Narwale noch immer ein großes Geheimnis. Niemand weiß genau, warum Narwale Stoßzähne haben oder wozu sie sie verwenden. Es ist schwierig, das herauszufinden, da es sich um äußerst scheue Tiere handelt, die einen Großteil ihres Lebens unter dem arktischen Meereis verborgen bleiben. Es wurden verschiedene Theorien aufgestellt. Vielleicht erzeugen oder erkennen die Stoßzähne Geräusche. Sie könnten Werkzeuge sein, um Nahrung aus dem Meeresboden zu graben oder Meereis aufzubrechen, um Atemlöcher zu schaffen. Sie könnten riesige Sensoren sein, die Chemikalien und Temperaturveränderungen im Wasser aufspüren, eine Idee, die durch das Vorhandensein von Nervenverbindungen im Stoßzahn und von Kanälen, durch die Meerwasser einströmt, gestützt wird.

Ein Haken an all diesen Theorien ist die Tatsache, dass weibliche Narwale normalerweise ohne Stoßzähne leben. Welchen Nutzen der Zahnschmuck auch immer hat, er kommt nur den männlichen Tieren zugute. Eine kürzlich durchgeführte Studie untermauert die Idee, dass Stoßzähne für Narwale etwa das Äquivalent zum Geweih des Rothirsches oder dem auffälligen Schwanzgefieder des Pfaus sind. Männliche Narwale könnten die Stoßzähne entwickelt haben, um sich gegenseitig zu bekämpfen und vor den Weibchen zu prahlen. Und wie so oft im Tierreich gilt: je größer, desto besser. Männliche Narwale wurden mit Narben und abgebrochenen Stoßzähnen gefunden. Es wird auch von Fällen berichtet, in denen zwei Narwale ihre Stoßzähne aneinanderreiben.

In den kalten Gewässern der Arktis leben Narwale zusammen mit ihren nahen Verwandten, den Belugawalen (*Delphinapterus leucas*). Letztere sind wegen ihrer zwitschernden Stimmen als Kanarienvögel des Meeres bekannt, was ein Grund dafür ist, dass Belugas so gerne in Aquarien zur Schau gestellt werden, eine Praxis, die immer mehr Menschen als unnötig und grausam erkennen.

Im Jahr 2019 tauchte ein Belugawal vor der norwegischen Küstenstadt Hammerfest auf, weit südlich des normalen Verbreitungsgebiets dieser Art. Noch merkwürdiger war, dass er Gurtzeug mit der Aufschrift „Equipment St Petersburg" trug. War es ein entkommener russischer Spion? Es wurde berichtet, dass die russische Marine vor einigen Jahren Belugas, Robben und Delfine trainiert hatte, um die Eingänge von Marinestützpunkten zu bewachen und Eindringlinge unter Wasser zu töten. Angeblich sind Belugas jedoch nicht so gut im Befolgen von Befehlen wie Robben. Der russische Beluga mit dem Namen Hvaldimir (eine Mischung aus dem norwegischen Wort für Wal, *hval*, und dem russischen Präsidenten Wladimir Putin) hielt sich in der Nähe von Hammerfest auf, suchte die Gesellschaft von Menschen und schlief und fraß in der Nähe von Lachsfarmen. Aktivisten fordern, dass ein Fjord abgesperrt wird, um Hvaldimir vor Schaden zu bewahren.

Antarktisfisch

Notothenioidei

In den eisigen Meeren rund um die Antarktis leben Fische, die nicht erfrieren. Obwohl sie durch Wasser mit einer Temperatur von bis zu -1,9 °C schwimmen, verwandeln sich diese Kaltblüter nicht in Fischeis am Stiel. Lange Zeit rätselten die Wissenschaftler und vermuteten, dass die Fische über eine Art Eisschutzmechanismus verfügen müssten. Dann, in den 1960er Jahren, wurde ihr Geheimnis gelüftet. Es stellte sich heraus, dass die antarktischen Eisfische ihren Körper mit „Frostschutzmittel" füllen.

Die Substanz ist ein einfaches Protein, das in der Bauchspeicheldrüse der Antarktisfische gebildet wird. Es bindet sich an Eiskristalle, die in den Körper eindringen – auch an solche, die der Fisch frisst –, und verhindert, dass sie weiterwachsen. Der Fisch entledigt sich der gefangenen Eiskristalle dann mit seinen Ausscheidungen. Zudem schmieren Eisfische ihre Haut mit Schleim ein, der mit Frostschutzproteinen versetzt ist, um zu verhindern, dass sie eine Frostschicht bekommen.

Nach der ursprünglichen Entdeckung natürlicher Frostschutzmittel in Antarktisfischen begannen Wissenschaftler, andere Organismen zu untersuchen, die bei Minusgraden leben, und fanden viele andere eisabweisende Moleküle in Bäumen und Gräsern, Käfern, Schneeflöhen, Motten und Plankton. Atlantische Heringe, Seeraben und Winterflundern sind nur einige der eisfesten Fische. Antarktisfische und Polardorsche sind entfernte Verwandte, die auf entgegengesetzten Seiten des Planeten leben und dennoch eine fast identische Form von Gefrierschutzproteinen herstellen. Antarktisfische haben ihre Proteine aus einem Verdauungsenzym entwickelt. Der Polardorsch hingegen entwickelte sein Frostschutzmittel aus einem Teil seines Genoms, der normalerweise für nichts kodiert ist – die sogenannte Junk-DNA.

Es gibt verschiedene Ideen für die Verwendung von Frostschutzproteinen in der menschlichen Welt. Eine Möglichkeit ist die Kryokonservierung; natürliche Gefrierschutzmittel könnten helfen, gespendete Organe, Blutzellen, Sperma und Embryos sicher zu lagern. Eines Tages könnten wir umweltfreundliche Frostschutzbeschichtungen auf Hochspannungsleitungen und Flugzeugflügeln sehen. Und bereits jetzt werden Frostschutzproteine von der Lebensmittelindustrie verwendet, und zwar – etwas kontraintuitiv – zur Herstellung von Speiseeis. Indem sie die Bildung großer Eiskristalle verhindern, sorgen Frostschutzproteine offenbar für ein köstlich glatt-cremiges Produkt. Auf der Liste der Inhaltsstoffe werden Sie jedoch nichts Fischiges finden. Achten Sie stattdessen auf „Eisstrukturierende Proteine". Die Hersteller von Speiseeis haben beschlossen, jede Verwechslung mit Ethylenglykol zu vermeiden, dem Frostschutzmittel, das in Auto-Enteisern verwendet wird und hochgiftig ist.

POLARMEERE

Grönlandwal

Balaena mysticetus

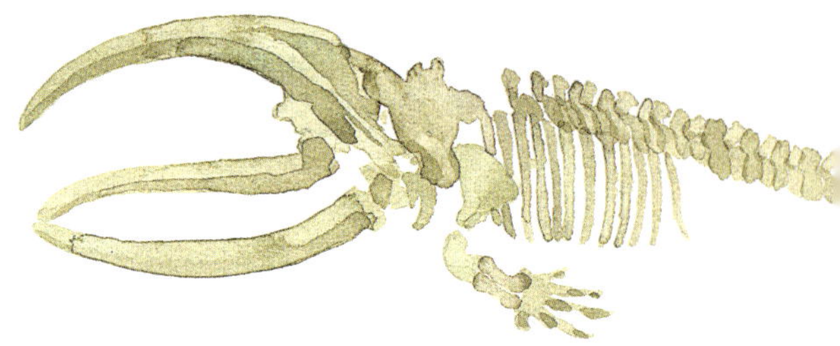

Grönlandwale halten eine beeindruckende Sammlung von Weltrekorden. Mit einer Länge von 5 Metern haben sie das größte Maul aller Tiere, das groß genug ist, um eine 1 Tonne schwere Zunge aufzunehmen. Nach den Blauwalen sind sie die zweitgrößten Tiere, die jemals gelebt haben. Und sie leben länger als alle anderen Säugetiere. Im Jahr 2007 töteten die Iñupiat in Alaska im Rahmen ihrer Subsistenzsicherung einen Grönlandwal, bei dem sich eine Harpunenspitze bereits tief in seinen Speck gedrückt hatte. Die Form der Harpune war nur zwischen 1879 und 1885 hergestellt worden. Jemand hatte also schon lange vorher versucht, diesen Wal zu töten – und war gescheitert –, und das Tier schwamm mehr als ein Jahrhundert mit einer Harpune in seiner Speckschicht herum. Wissenschaftler schätzen, dass Grönlandwale mindestens 200 Jahre alt werden können, obwohl vielen von ihnen das nicht vergönnt war.

Die kommerzielle Jagd auf Grönlandwale begann im 18. Jahrhundert. Die Tiere sind langsam, leicht zu erlegen und treiben auf der Oberfläche, wenn sie harpuniert werden. Wie andere Wale wurden auch die Grönlandwale wegen ihres Öls getötet, das in Lampen verbrannt und zu Seife, Lippenstift und Klebstoff verarbeitet wurde. Ihre biegsamen Bartenplatten, mit denen die Wale das Wasser nach Nahrung absuchen, wurden zur Herstellung von Korsetts und Bürsten verwendet. Zu Beginn des 20. Jahrhunderts hatten europäische und amerikanische Walfänger die Grönlandwale fast bis zur Ausrottung gejagt. Doch seit 1982, als die kommerzielle Waljagd verboten wurde, haben die Bestände wieder zugenommen. In der westlichen Arktis ist der Bestand der Grönlandwale von etwa 1000 Exemplaren auf mindestens 16.800 angestiegen, und zwar mithilfe der einheimischen Gemeinschaften, wie etwa der Iñupiat, die die Bestände überwachen und erforschen und gegen Offshore-Ölbohrungen und andere Einflüsse kämpfen.

Grönlandwale sind die einzigen Wale, die ganzjährig in der Arktis leben, und sie sind gut an das Überleben im eisigen Wasser angepasst. Sie benutzen ihre riesigen Köpfe, um das Meereis zu durchbrechen, damit sie atmen können. Außerdem sind sie viel fettleibiger als andere Walarten und haben eine 50 Zentimeter dicke Speckschicht. Dadurch sind sie so gut isoliert, dass sie bei langen Wanderungen Gefahr laufen zu überhitzen. Um sich abzukühlen, öffnen die Grönlandwale ihr Maul und lassen kaltes Meerwasser über ein spezielles Stäbchen aus weichem, schwammigem Gewebe an den Gaumen fließen. In dieses Organ, das Walbiologen mit einem Penis vergleichen, fließt Blut, wodurch es anschwillt und sich versteift.

In den dunklen arktischen Wintern singen die Grönlandwale einander zu. In den Jahren 2010 bis 2014 brachten Wissenschaftler ein Hydrophon zwischen Grönland und Spitzbergen an und zeichneten zwischen November und April jeden Jahres 24 Stunden am Tag auf. Grönlandwale verfügen über ein ständig wechselndes Repertoire an stöhnenden, rauschenden Gesängen. Im Vergleich zu den anderen großen Sängern, den Buckelwalen, sind sie weniger klassische Musiker als vielmehr freie Jazz-Improvisatoren. Man hat noch nicht herausgefunden, warum die Grönlandwale diese freien Gesänge singen, aber es hat wahrscheinlich etwas mit der Paarung zu tun.

Grönlandhai

Somniosus microcephalus

Von allen Wirbeltieren leben die Grönlandhaie am längsten. Das wissen wir aufgrund eines Geheimnisses, das sie in ihren Augen bewahren. Grönlandhaie haben keine harten Teile in ihrem Körper, an denen man ihr Alter ablesen könnte, wie z. B. Ohrknochen (Otolithen), die jährliche Wachstumsmuster wie bei Baumringen zeigen. Stattdessen blickt die Wissenschaft mitten in die Augen eines Grönlandhais, um die Teile zu sehen, die in seiner Zeit als Jungtier angelegt wurden. Die chemische Analyse der Augen von Haien, die zufällig gefangen wurden, zeigt, dass einige von ihnen eine radioaktive Markierung aufweisen, die mit den Kernwaffentests der 1950er und 1960er Jahre übereinstimmt, sodass ihr Geburtsjahr etwa auf denselben Zeitpunkt fällt. Anhand dieser Markierungen kann das Alter älterer, größerer Haie ermittelt werden. Der älteste bisher getestete Hai war ein Weibchen, das 392 Jahre alt war, plus/minus ein Jahrhundert. Sie paarte sich wahrscheinlich zum ersten Mal mit 156 Jahren.

Grönlandhaie sind verträumte Riesen, die über 5 Meter lang werden und mit einer Geschwindigkeit von weniger als 1,6 Kilometern pro Stunde durch die arktischen und nordatlantischen Gewässer schwimmen. Früher wurden sie wegen ihres Leberöls, das reich an Vitamin A ist, gejagt. Einige werden noch immer wegen ihres Fleisches genutzt, das so viel Harnstoff enthält, dass es ohne besondere Behandlung giftig ist. *Hákarl* ist ein isländisches Nationalgericht, das aus fermentiertem Grönlandhai zubereitet wird. Traditionell wird das Fleisch zum Verrotten einige Monate lang unter Steinen vergraben und anschließend noch einige Monate zum Trocknen aufgehängt. Das Endprodukt wird in kleinen Würfeln gegessen und stinkt nach Ammoniak. Es empfiehlt sich, sich die Nase zuzuhalten und anschließend einen Schluck des starken isländischen Branntweins *brennivín* zu trinken.

POLARMEERE / ATLANTIK

Schwarzer Heilbutt

Reinhardtius hippoglossoides

Der Schwarze Heilbutt sieht aus wie ein Fisch, der sich nicht entscheiden kann. Er gehört zu den Pleuronectidae, den Rechtsaugenflundern, die im Allgemeinen ihr Leben lang mit der linken Seite nach unten auf dem Meeresboden liegen und mit beiden Augen auf der rechten Gesichtshälfte nach oben blicken. Zu Beginn ihres Lebens sieht das noch anders aus. Als Larven haben Flundern Augen wie die meisten anderen Fische, eines auf jeder Seite des Kopfes. Aber wenn sie ein paar Wochen alt sind, wandert ein Auge quer über das Gesicht, um sich zu dem anderen zu gesellen. Dann kippt der Fisch um und liegt flach. Beim Schwarzen Heilbutt jedoch wandert das Auge nur bis zur Hälfte und bleibt dann in der Mitte der Stirn stehen, was ihn zu einem ichthyologischen Cousin des Zyklopen macht. Dadurch haben die Fische die Möglichkeit, entweder auf der Seite zu liegen und zu schwimmen oder in einer vertikalen Position zu schwimmen. Es sind Teilzeit-Plattfische, aber auch Fische, die beinahe einen Krieg ausgelöst hätten.

1995 gerieten sich Kanada und Spanien beinahe wegen des Fangs von Schwarzem Heilbutt mächtig in die Haare. Nach dem Zusammenbruch der Kabeljaufischerei auf den Grand Banks vor der Küste Neufundlands lag die kanadische Fischerei am Boden. In ihrer Verzweiflung über alternative Fangmöglichkeiten richteten die Kanadier ihre Netze auf den Heilbutt aus und führten strenge Quoten ein, um eine Wiederholung des verheerenden Zusammenbruchs der Kabeljaufischerei zu vermeiden. Aber auch Trawler aus der Europäischen Union kamen in nahe gelegene Gewässer und fingen zu viel Heilbutt. Die kanadischen Fischer waren überzeugt, dass der Heilbutt, den sie zu schützen versuchten, von allen anderen überfischt wurde.

Die Situation spitzte sich zu, als ein Schiff der kanadischen Marine einen spanischen Trawler mit Gefrierfabriken verfolgte und mit Maschinengewehren auf den Bug schoss, bevor es die Besatzung verhaftete und das Schiff beschlagnahmte. Kanadische Beamte entdeckten, dass die spanischen Fischer illegale Netze verwendeten und illegale Fänge in geheimen Lagertanks an Bord versteckten. Der Vorfall eskalierte, als weitere Marineschiffe und Luftpatrouillen hinzukamen, und es sah fast so aus, als käme es zu einem echten Kampf. Schließlich erklärte sich Spanien bereit, die umstrittene Zone zu verlassen, und Kanada gab den beschlagnahmten spanischen Trawler zurück.

Die Fischerei auf Schwarzen Heilbutt verläuft heute friedlicher, auch wenn es immer wieder zu Problemen kommen könnte. Rund um Grönland, wo der Heilbutt die Grundlage eines wichtigen Wirtschaftszweigs bildet, werden die besten Fänge in Gebieten erzielt, in denen die Gletscher entlang der Fjorde direkt ins Meer fließen. Das tiefe Schmelzwasser der Gletscher spült Nährstoffe in die

Gewässer, regt damit das Wachstum von Plankton an und stärkt so die gesamte Nahrungskette. Es ist zu erwarten, dass sich die Gletscher im Zuge der Klimaerwärmung auf das Festland zurückziehen werden; ohne das Schmelzwasser werden sich die Nährstoffkreisläufe vermutlich abschwächen, und die Populationen des Schwarzen Heilbutts werden abwandern und zurückgehen.

In denselben kalten Gewässern lebt auch der Weiße Heilbutt (*Hippoglossus hippoglossus*), ein Riese, der bis zu 5 Meter lang und Hunderte Kilogramm schwer werden kann. Er ist eine Lieblingsspeise der Grönlandhaie. Zu den Rechtsaugenflundern, die gerne gegessen werden, gehören verschiedene Arten von Seezunge, Steinbutt und Scholle.

Daneben gibt es Plattfische, die auf der anderen Seite liegen. Zu den Linksaugenflundern (Bothidae) gehören die Fasanbutte (*Bothus mancus*), die in tropischen Gewässern leben und mit schimmernden blauen Kreisen bedeckt sind. Sie können Farbe und Muster schnell ändern, um sich ihrer Umgebung anzupassen – eine wichtige Taktik für Plattfische. Sie legen sich hin und hoffen, nicht gesehen zu werden, weder von Räubern noch von potenziellen Beutetieren.

Es hat große Vorteile, sich gut zu verstecken und flach auf dem Meeresboden zu liegen. Rochen tun dies auf eine andere Art und Weise, indem sie sich wie ein Pfannkuchen vom Bauch zum Rücken platt machen. Aber die Art und Weise, wie Plattfische dies tun, macht sie zu den asymmetrischsten Wirbeltieren auf dem Planeten. Kürzlich entdeckte man, dass Plattfische sehr schnell sehr sonderbar wurden. Jedes Mal, wenn ein junger Plattfisch heranwächst und sich sein Auge bewegt, durchläuft er eine evolutionäre 3 Millionen Jahre lange Reise – nicht gerade lang, wenn man bedenkt, welche Veränderungen an seinem Schädel sein flaches Leben möglich machen.

Antarktischer Krill

Euphausia superba

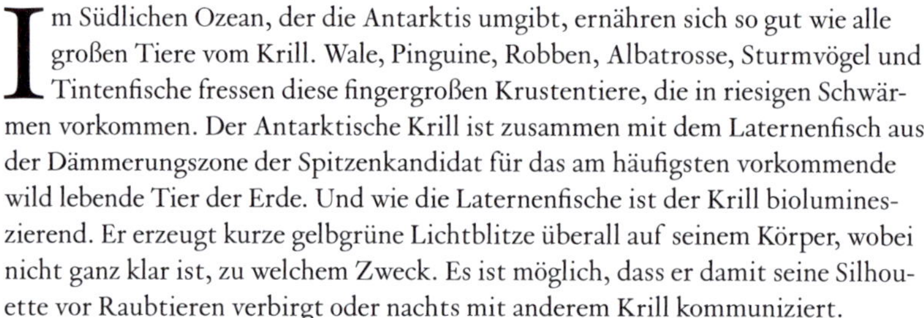

Im Südlichen Ozean, der die Antarktis umgibt, ernähren sich so gut wie alle großen Tiere vom Krill. Wale, Pinguine, Robben, Albatrosse, Sturmvögel und Tintenfische fressen diese fingergroßen Krustentiere, die in riesigen Schwärmen vorkommen. Der Antarktische Krill ist zusammen mit dem Laternenfisch aus der Dämmerungszone der Spitzenkandidat für das am häufigsten vorkommende wild lebende Tier der Erde. Und wie die Laternenfische ist der Krill biolumineszierend. Er erzeugt kurze gelbgrüne Lichtblitze überall auf seinem Körper, wobei nicht ganz klar ist, zu welchem Zweck. Es ist möglich, dass er damit seine Silhouette vor Raubtieren verbirgt oder nachts mit anderem Krill kommuniziert.

Der Krill hat einen riesigen Lebensraum, der rund 10 Prozent des globalen Ozeans abdeckt, was in etwa der Fläche des afrikanischen Kontinents entspricht. Daher ist es schwierig, seine genaue Menge zu bestimmen, aber Schätzungen zufolge gibt es etwa 500 Millionen Tonnen (0,05 Gigatonnen), eine Biomasse, die der aller Menschen oder Kühe auf der Erde entspricht.

Der Krill ist nicht nur das Herzstück der Nahrungskette im Südlichen Ozean, sondern spielt auch eine wichtige Rolle für das Klima. Er ernährt sich von winzigen Algen, dem sogenannten Phytoplankton, an der Meeresoberfläche und produziert große, dichte Ausscheidungen, die viel Kohlenstoff enthalten und schnell nach unten sinken. Außerdem schwimmt der Krill täglich in tiefere Gewässer, um den vielen hungrigen Raubtieren zu entgehen, und gibt beim Ausatmen noch mehr Kohlenstoff an das Wasser ab. Insgesamt zieht der Krill jedes Jahr mehrere Millionen Tonnen Kohlenstoff in die Tiefsee, wo dieser jahrzehntelang der Atmosphäre entzogen ist.

Wale und Pinguine sind nicht die einzigen Arten, vor denen sich der Krill fürchten muss; auch der Mensch ist ein wichtiger Räuber dieser produktiven Krustentiere. Industrielle Fabrikschiffe können bis zu 800 Tonnen Krill pro Tag fangen. Riesige Netze pumpen den Krill kontinuierlich nach oben und bleiben wochenlang im Wasser. Die Fänge werden dann gleich auf dem Schiff verarbeitet und zu Krill-Öl-Pillen verarbeitet, die reich an Omega-3-Fettsäuren sind. Krill wird auch zu Fischmehl verarbeitet, was bedeutet, dass Tiere in aller Welt, weit entfernt vom Südpolarmeer, sich ebenfalls davon ernähren. Nutztiere, Zuchtfische sowie Hauskatzen und -hunde fressen Krill.

Naturschützerinnen und Naturschützer sind besorgt über die Auswirkungen der Fischerei auf den Krill. Im Moment ist es unwahrscheinlich, dass die Art als Ganzes darunter leidet, aber Studien deuten darauf hin, dass lokale Populationen stark betroffen sein können, wodurch sich das Nahrungsangebot für Raubtiere verringert, darunter auch für Pinguine, die nicht weit zur Nahrungssuche schwimmen, während sie nisten und ihren Nachwuchs aufziehen. Der Klimawandel ist ebenfalls eine große Bedrohung für den Krill, ist er doch für einen Teil seines Lebenszyklus auf das Meereis angewiesen, das an einigen Stellen durch die Erwärmung des Südlichen Ozeans rapide schrumpft.

Wie geht es weiter?

Nachdem Sie nun schon 80 Meeresbewohner kennengelernt haben, gibt es noch viele Möglichkeiten, wie Sie Ihre Suche nach dem Leben im Meer fortsetzen können.

Erforschung der Küste

Wenn Sie das Glück haben, in der Nähe einer Küste zu leben, oder die Möglichkeit besteht, dorthin zu fahren, nehmen Sie sich Zeit, die Küste zu erkunden und herauszufinden, was es dort gibt. Lebensräume an der Küste, die Sie aufsuchen sollten:

Felsküsten

Sie sind der perfekte Ort, um Meeresbewohner zu Fuß zu entdecken. Alles, was Sie brauchen, sind ein Paar Gummistiefel oder wasserfeste Schuhe. Informieren Sie sich über die Gezeiten (suchen Sie Gezeitentabellen im Internet) und machen Sie sich etwa eine Stunde vor Ebbe auf den Weg. So können Sie Teile der Küste aufsuchen, die am längsten überflutet bleiben und in denen einige der Meerestiere beheimatet sind, die Sie beim Wandern an Land sehen können.

Suchen Sie unter Felsen nach Meeresschnecken, Fischen, Seeigeln und Seesternen, und in Felstümpeln nach Krabben und Fischen, die bei Ebbe vorübergehend gefangen sind. Achten Sie darauf, dass Sie die Felsbrocken immer wieder dorthin zurücklegen, wo Sie sie gefunden haben.

Passen Sie auf, wo Sie hintreten, zu Ihrer eigenen Sicherheit (Seeigelstacheln können durch die Stiefel gehen) und zum Schutz des Ökosystems. Felsküsten können bei Flut ein guter Ort zum Schnorcheln sein. Ich empfehle das Tragen eines Neoprenanzugs, der vor Kratzern und Kälte schützt.

Bei der Erkundung der Küste werden Sie feststellen, dass die Tierwelt von Ort zu Ort unterschiedlich ist. Die Küstenabschnitte, die Wellen und Stürmen ausgesetzt sind, zeigen eine geringere Artenvielfalt und werden von Tieren dominiert, die sich fest an die Felsen krallen, wie Napfschnecken, Seepocken und Miesmuscheln. An geschützteren Ufern finden sich mehr Tierarten und mehr Algen. Hier werden Sie mehr Krabben und Meeresschnecken entdecken.

Sandstrände

Ebbe ist die beste Zeit, um Sandstrände zu erkunden und zu entdecken, was das Meer aufgewühlt hat, besonders nach einem Sturm.

Sie werden wahrscheinlich viele leere Schalen von Muscheln finden, die eingegraben im Sand leben.

Halten Sie Ausschau nach den inneren Schalen von Sepien, die als Schulp bekannt sind, und auch nach den Eikapseln von Haien und Rochen. Sie können anhand von Form und Größe der Kapsel bestimmen, welche Art Sie gefunden haben.

Klippen

Von hoch oben haben Sie einen hervorragenden Blick über das Meer, daher sind Klippen ein guter Aussichtspunkt zum Beobachten größerer Meerestiere wie Delfine, Wale, Seevögel und große Haie, zum Beispiel Riesenhaie. Nehmen Sie ein Fernglas mit.

Begegnungen mit der Meeresmegafauna

Es gibt viele Gelegenheiten, um auf einer Bootstour großen Meerestieren wie Walen, Delfinen und Riesenhaien zu begegnen. Bevor Sie eine Fahrt buchen, informieren Sie sich über die Arten, die Sie sehen wollen. Achten Sie darauf, dass Ihr Reiseveranstalter alle ethischen und sicherheitsrelevanten Richtlinien einhält. Respektieren Sie die Tiere in ihrer natürlichen Umgebung; kommen Sie ihnen nicht zu nahe, machen Sie keinen Lärm, und berühren Sie sie auf keinen Fall.

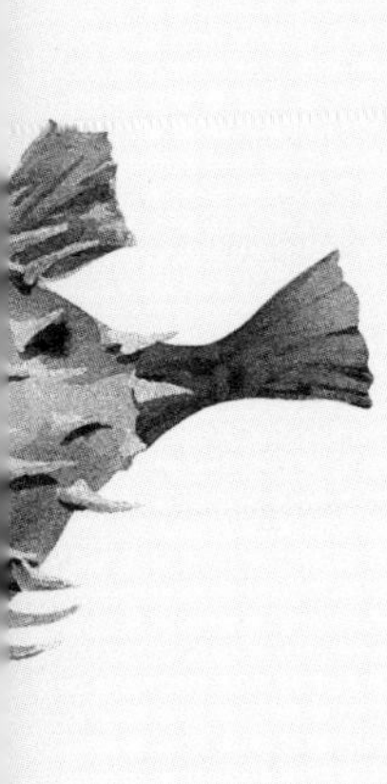

Tiefer eintauchen

Wenn Sie die tieferen Bereiche des Meeres erkunden möchten, können Sie Gerätetauchen oder Freitauchen lernen.

Gerätetauchen

Verschiedene Organisationen bieten zertifizierte Tauchprogramme an, darunter die Möglichkeit, das Tauchen zunächst mit einem Tauchlehrer auszuprobieren, um zu sehen, ob es etwas für einen ist. Einsteigerkurse dauern im Allgemeinen eine Woche, und wenn Sie wirklich Geschmack am Tauchen finden, können Sie weitermachen und Ihre Fähigkeiten bis zum Tauchlehrer weiterentwickeln.

Probieren Sie es aus:

Regionale und nationale Tauchsportvereine und -verbände gibt es überall, und auch internationale Verbände bieten Informationen und Kurse an, wie z.B.:

National Association of Underwater Instructors: *www.naui.org*

Professional Association of Diving Instructors: *www.padi.com*

Scuba Schools International: *www.divessi.com*

World Underwater Federation: *www.cmas.org*

Freies Tauchen

Freitauchen, oder Apnoe, erfordert weniger Ausrüstung, aber mehr Geschicklichkeit, da Sie mit angehaltenem Atem herabtauchen. Ein paar Trainingstage vermitteln Ihnen die Grundlagen und wichtige Sicherheitstechniken (z. B. niemals allein frei tauchen), und schon bald werden Sie den Atem anhalten und tiefer eintauchen, als Sie sich jemals hätten vorstellen können.

Probieren Sie es aus:

Apnea Academy / Apnea Academy International:
www.apnea.academy
International Association for the Development of Apnea:
www. aidainternational.org

Online-Quellen

Alfred-Wegener-Institut: *www.awi.de*
GEOMAR Helmholtz-Zentrum für Ozeanforschung Kiel: *www.geomar.de*
MarLIN (The Marine Life Information Network): *www.marlin.ac.uk / species*
Ocean Life at the Smithsonian: *www.ocean.si.edu / ocean-life*
Oceana Marine Life Encyclopedia: *www.oceana.org / marine-life*

Das Leben im Meer schützen

Trotz der vielen Bedrohungen, die auf dem Leben im Meer lasten, ist die gute Nachricht, dass es weltweit viele hervorragende Menschen und Organisationen gibt, die hart daran arbeiten, die Probleme aufzuhalten und umzukehren und dem Ozean wieder zu voller Gesundheit zu verhelfen. Hier sind einige von ihnen:

Blue Marine Foundation:

www.bluemarinefoundation.com
Arbeitet an der Entwicklung von Möglichkeiten, die nicht nachhaltige Fischerei zu bekämpfen und marine Lebensräume wie Austernriffe wiederherzustellen, mit dem übergeordneten Ziel, mindestens 30 Prozent der Weltmeere bis 2030 zu schützen.

Deep Ocean Conservation Coalition:

www.savethehighseas.org
Mehr als 100 Nichtregierungsorganisationen, Fischerorganisationen, Rechts- und Politikinstitute weltweit, die sich für den Schutz gefährdeter Tiefsee-Ökosysteme vor Einflüssen wie Tiefsee-Schleppnetzfischerei und Meeresbodenbergbau einsetzen.

Mission Blue:

https://mission-blue.org
Angeführt von der legendären amerikanischen Ozeanografin Sylvia Earle, hat Mission Blue sich zum Ziel gesetzt, das öffentliche Bewusstsein, den Zugang und die Unterstützung für ein weltweites Netz von Meeresschutzgebieten zu schaffen.

OceanCare:

www.oceancare.org
Die internationale Organisation mit Sitz in der Schweiz ist UNO-Sonderberaterin für den Meeresschutz und setzt sich für die Erreichung der globalen Nachhaltigkeitsziele ein.

Sea Shepherd:

https://Sea-Shepherd.de
Sea Shepherd ist eine internationale, gemeinnützige Organisation zum Schutz der Artenvielfalt und der marinen Ökosysteme. Ein Schwerpunkt ist der Kampf gegen illegale, unregulierte und undokumentierte Fischerei.

Surfers Against Sewage:

www.sas.org.uk
Eine basisdemokratische Umweltorganisation, die Gemeinwesen unterstützt, Maßnahmen zum Schutz der Ozeane und Wildtiere zu ergreifen.

Surfrider Foundation:

www.surfrider.org
1990 von Surfern gegründet, setzt sich die Organisation mit Aktionen und Lobbyarbeit für den Schutz der Ozeane und besonders für die Bekämpfung von Plastikmüll im Meer ein.

Sustainable Oceans Alliance:

www.soalliance.org
Arbeitet an der Mobilisierung junger Menschen, weltweit innovative Lösungen zur Wiederherstellung der Gesundheit der Ozeane zu entwickeln und umzusetzen.

Fokus auf nachhaltigen Meeresfrüchten

Wenn es um den Verzehr von Meeresfrüchten geht, gilt es, gute Entscheidungen für die Gesundheit der Ozeane zu treffen. Es gibt Fischereien, die sich bemühen, die Umwelt langfristig so wenig wie möglich zu belasten, indem sie sich auf Arten konzentrieren, die sich schnell vermehren, schonende Fanggeräte verwenden und sich an die Fangbeschränkungen halten, um Wildpopulationen nicht zu gefährden. Einige Zuchtfische und -schalentiere sind ebenfalls eine gute Wahl.

Das Problem beim Verzehr von Meeresfrüchten ist, dass wir nicht immer eindeutig sagen können, woher das, was auf unserem Teller liegt, wirklich kommt und wie es gefangen wurde. Das alles müssen Sie wissen, um sicher sagen zu können, wie nachhaltig – oder nicht – Ihr Essen ist. Prüfen Sie die Etiketten, fragen Sie Fischhändler, Supermärkte und Restaurantbesitzer, wie und wo sie ihren Fisch beziehen, und lassen Sie sich nicht mit vagen Aussagen über Nachhaltigkeit abspeisen. Achten Sie auf Angebote von kleinen Fischereien, die den Weg ihrer Produkte vom Meer bis zum Teller nachverfolgen können. Unterstützen Sie Fischereien, die Sie kennen und denen Sie vertrauen. Informieren Sie sich über die wichtigsten Fischarten, die in Ihrer Region angeboten werden, und nutzen Sie Online-Führer zu Meeresfrüchten, um herauszufinden, was die nachhaltigsten Optionen sind.

Weitere Informationen:

Deutsche Stiftung Meeresschutz: *www.stiftung-meeresschutz.org*
Good Fish Guide: *www.mcsuk.org/goodfishguide*
Marine Stewardship Council: *www.msc.org*
WWF Fischratgeber: *www.wwf.de*

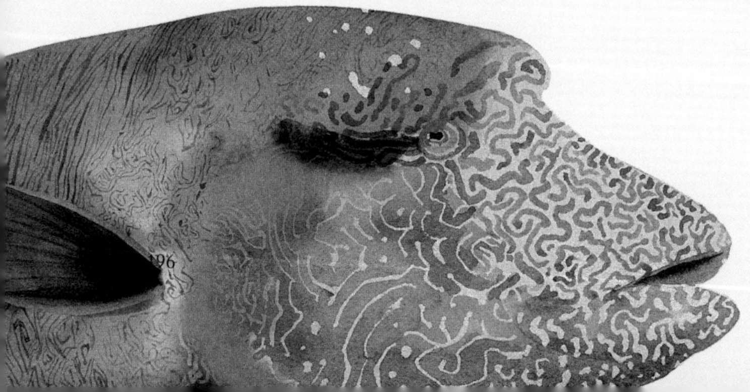

Register

Aal
Europäischer Aal 24–27
Pelikanaal 149
Sackmaul 149
Schleimaal 40–41
siehe auch Riesenmuräne
Abalone 108–109; *siehe auch* Seeohr
Abudefduf spp. 167
Acipenseridae 16–17
A. gueldenstaedtii 16
A. stellatus 16
Aequorea victora 120–121
Aliger gigas 176–177
Alte Völker/Kulturen 50, 63, 102, 108, 168
Ägypter 16, 24, 52, 70, 168
Azteken 20, 54, 176
Chinesen 52
Griechenland 16, 24, 50, 52, 53, 58, 60, 168
Maya 54, 176
Neolithisch 160
Römer 16, 24, 50, 52, 56, 60, 66, 70, 90, 91, 107
Alvinella pompejana 138–139
Ammoniten 90–91
Amphipoden 134, 144
Amphiprion ocellaris 96–97
Anemonen 96–97, 98
Anguilla Anguilla 24–27
Antarktis *siehe* Südlicher Ozean
Antarktisfisch 182–183
Aplysia californica 145
Apolemychthys guezei 173
Argonauta spp. 58–59
Argonauten *siehe* Papierboot
Astroscopus guttatus 50
Atlantischer Ozean 25, 28–29, 48, 50, 86, 150, 160–161, 186
Attenborough, David 88
Aussterben 16, 48, 54, 128, 140, 161, 168
Auster
Hahnenkammauster 137
Olympia-Auster 137
Pazifische Auster 137
Sydney-Felsenauster 137
siehe auch Stachelauster
Australien 20, 21, 36, 56, 84, 116, 140, 169

Bakterien 34, 57, 74, 130, 164
Balaena mysticetus 184–185
Barbados 158
Bathypterois spp. 149
Bedrohte Tierarten 12, 16, 25, 108, 125, 128; *siehe auch* Aussterben; Überfischung
Benchley, Peter 132
Beutefisch 107
Bimini, Bahamas 162, 163
Biolumineszenz 46–47, 114, 120, 132, 148, 150, 190
Blatt-Schaf-Schnecken 144
Blaue Ozeanschnecke 144
Blauflossen-Thunfisch 30–31
Blaupunkt-Schlammspringer 100
Bohadschia argus 94
Borneo 20
Bothus mancus 189
Boxerkrabbe 98–99
Brachiopsilus dianthus 140
Brasilien 158, 176
Byssus 52–53

Carcharias taurus 85
Carcharodon carcharias 66–69
Centropyge boylei 173
Cetorhinus maximus 28–29
Chaetodontidae
C. adiergastos 172
C. lunula 172
Cheilinus unulatus 124–127
Chiasmodon niger 149
China 82, 94, 102, 128
Traditionelle Medizin 81, 128, 160, 168
Chromis viridis 167
Chromodoris reticulata 144
Chrysomallon squamiferum 74–75
Clark, Eugenie 162
Clownfisch, Falscher (Clownfisch) 96–97
Conidae 38–39
Conus geographus 38
Conus magus 38
Cook-Inseln 125
Costa Rica 130
Costasiella kuroshimae 144
Courtenay-Latimer, Marjorie 78

Dalatiidae (Unechte Dornhaie) 132
Delfin 56, 70, 84, 106, 107, 132
Delphinapterus leucas 181
Diplomoceras 90
Dipturus intermedius 12–13
Disodicus gigas 150
Dornhai 48–49
Drachenfisch, Schwarzer 148–149
Dreibeinfisch 149
Drückerfisch 165
Dugong 84, 160
Dugong dugon 84, 160
Dunkleosteus 88

Echeneidae 70–71
Echinoderme (Stachelhäuter) 94, 142
Edle Steckmuschel 52–53
Eingeweidefisch 95
Elektrizität 50
Elysia marginata 144–145
England 24
Enypniastes eximia 94
Epinephelus
E. itajara 156–157
E. striatus 156
Etmopterus benchleyi 132–133
Eupausia superba 190–191
Eurpharynx pelecanoides 149
Exocoetidae 158–159

Färöer-Inseln 36, 37
Falscher Clownfisch (Clownfisch) 96–97
Falterfisch 172–175
Farmen 63, 166–167; *siehe auch* Fischerei
Feuerfisch 152, 154–155
Fidschi 43, 125
Fischerei 28–29, 34, 47, 56–57, 125, 156, 188, 196
Fischfang 47, 107
als Sport 30, 156
Haifang 28–29, 48, 186
Überfischung 16, 21, 48, 57, 108, 156
siehe auch Walfang, Kommerzieller
Fliegender Fisch 158–159
Flösselhecht 101
Flunder
Fasanbutt 189
Linksaugenflunder 189
Rechtsaugenflunder 188
Fossilien 14, 67, 78, 85, 88, 90
Freud, Sigmund 25
Frostschutzproteine 134, 182

Galeocerdo cuvier 84–85
Garnelen (als Futter) 166
Gemeine Miesmuschel 52; *siehe auch* Edle Steckmuschel
Gemeines Perlboot 90–91; *siehe auch* Papierboot
Genicanthus caudovittatus 172
Geschlechtsumwandlung 96, 111, 124
Gewöhnlicher Krake 62–64
Gewöhnlicher Tintenfisch 14–15
Gift 152, 154, 155
Glaskopffisch 114–115, 149
Glatthandfisch 140–141
Glaucus atlanticus 144
Globicephala spp. 36–37
Glossopetrae (Zungensteine) 66–67
Golf von Kalifornien 128
Golf von Mexiko 154, 176
Gorgonen *siehe* Oktokoralle
Grasnadel 169
Griechenland 56
Grindwal 36–37
Grönland 180, 184, 188
Grönlandhai 186–187
Grönlandwal 184–185
Große Riesenmuschel 82–83
Großer Plattrochen 12–13
Grundeln 100
Nopoli-Klettergrundeln 101
Guam 1125
Gymbothorax javanicus 104–105

Hadalzone 134
Hai 40, 70–71, 84–85, 116, 156, 162
Grönlandhai 186–187, 189
Hammerhai 178–179
Koboldhai 149
Mako 67
Ninja-Laternenhai 132
Riesenhai 28–29
Sägehai 21
Sandtigerhai 85
Schaufelnasen-Hammerhai 178–179
Taschenhai 132
Tigerhai 84–85
Walhai 70
Wanderhai 116–117
Weißer Hai 28, 66–69, 156
Zigarrenhai 132
Zitronenhai 162–163
siehe auch Dornhai
Haliotis 108–109
H. midae 108
H. sorenseni 108

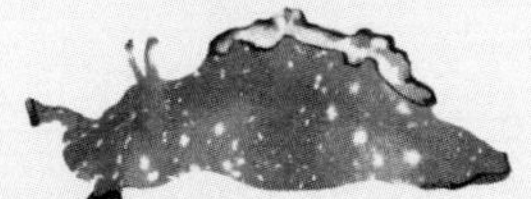

Handel, illegaler 16, 25, 43, 81, 82–83, 94, 125, 128
Hapalochlaena spp. 62, 164
Hausenblase 16–17
Heilbutt, Schwarzer 188–189
Helioceras 90
Hemiscyllium spp. 116–117
Hippocampinae 169
Hippocampus
  H. bargibanti 168
  H. nalu 169
Holacanthus
  H. ciliaris 172
  H. passer 172
Holothuroidea 94–95
Huso huso 16
Hydrodamalis gigas 161
Hydrothermale Schlote 74, 130, 138
Hypsypops rubicundus 167

Idiacanthus antrostomus 148–149
Indischer Ozean 78–79, 98, 102
  Korallenriffe 154, 172
Indonesien 116, 125, 160, 167
Intelligenz 15, 43, 62, 77, 118, 145, 162–163
Iridogorgia 61
Isistius brasiliensis 132
Italien 24, 52, 60

Jagd 28–29, 36, 128, 160, 161; *siehe auch* Walfang, Kommerzieller
Japan 30–31, 36, 60, 160, 164, 165
„Jenny Hanivers" 12
Jorunna parva 144

Kabeljau 17, 32, 188
  Polardorsch 182
Kaimaninseln 157
Kaiserfisch 172–175
Kalmar 14
  Humboldt-Kalmar 150
  Vampirtintenfisch 150–151
Kanada 29, 30, 188
Kandel, Eric 145
Karibik 56–57, 70, 165, 176
  Korallenriffe 154–155, 156, 166, 172
Katzenhai 48, 61
Kaurischnecke 102–103
Kaviar 16, 17, 34
Kegelschnecke 38–40
Kiwa hirsute 130–131
Klimawandel 10, 34, 47, 84, 140, 142, 189, 191; *siehe auch* Meereserwärmung
Kofferfisch 165
Kommunikation 46–47, 104, 150, 161, 190
Komoren-Quastenflosser 78–79
Kopffüßer 14–15, 63, 90–91, 150–151; *siehe auch* Krake
Koralle 60–61, 95, 96
  Rote Koralle 60–61
  Steinkoralle 61
Korallenriff 54, 83, 94–95, 96, 102, 104, 110–111, 122, 154, 156, 166–167, 172, 173
Korea 40
Krake 14, 58–59, 62–63
  Blaugeringelter Krake 62, 164
  Gewöhnlicher Krake 62–65
  Papierboot 58–59
Krebstiere
  Atlantischer Pfeilschwanzkrebs 34–35
  Dekorateurkrabbe 98
  Pompomkrabbe (Boxerkrabbe) 98–99
  Yeti-Krabbe 130–131
Krill, Antarktischer 190–191
Kristallqualle 120–121
Kugelfisch 164–165
Kugelfischartige 86, 164–165

Labroides dimidiatus 76–77, 152
Lamnidae *siehe* Hai
Laternenfisch 46–47
Latimeria
  L. chalumnae 78–79
  L. menadoensis 79
Lebensräume, Zerstörung der 10, 34, 137
Licht *siehe* Biolumineszenz
Limulus polyphemus 34–35
Linné, Carl von 32
Liparidae (Schneckenfische) 134
Lippfisch, Putzer- 71, 104
  Blaustreifen-Putzerlippfisch 76–77, 152
  Napoleon-Lippfisch 124–127
Lopha cristagalli 137
Lotsenfisch 70
Lungenfisch 78, 101
Lybia tessellate 98–99

Macropinna microstoma 114–115, 149
Malaysia 125, 160
Malediven 102, 110
Manati 160–161
Mandarinfisch 122–123
Mantarochen
  Riesenmanta 80–81
  Riffmanta 80
Marianengraben 134
Marianen-Schneckenfisch 134–135
Materpiscis attenboroughi 88–89
Maxwell, Gavin 28–29
Medizin 10, 34, 39, 41, 50, 57, 63, 120, 160, 168
  Chinesische Medizin 81, 128, 160, 168
Meereserwärmung 32, 140, 142, 155, 191
Meeresfrüchte 10, 24, 41, 54, 63, 82, 108, 164, 186; *siehe auch* Kaviar; Sushi
Meeresschnecke *siehe* Nacktkiemer
Megalodon 67, 85
Meiacanthus atrodorsalis 152–153
Mexiko 66, 128, 142
Migration 16, 25, 46, 47, 66, 72
Mitsukurina owstoni 149
Mittelamerika 66, 128, 142
Mittelmeer 50, 53, 54, 154–155
  Korallenriffe 60, 61
Mobula
  M. alfredi 80
  M. birostris 80–81
Mola
  M. mola 86–87
  M. tecta 86
Mollisquama parini 132
Mondfisch 86–87
Monetaria 102–103
  M. annulus 102
  M. moneta 102
Monodon monoceros 180–181
Muscheln 18, 52–53, 82–83, 108, 176
  Sammeln 38, 54, 90, 176
  und Kraken 58–59, 62
  und Handel 82–83, 102
  siehe auch Kaurischnecke
Muschelseide 52
Mutterfisch 88
Myctophidae 46–47
Mythen/Mythologie 20, 52, 60, 67, 92, 151, 160–161, 168
Mytilus edulis 52
Myxini 40–41

Nacktkiemer 144–147, 164
Napfschnecke 18–19
  Durchscheinende Häubchenschnecke 18
Napoleon-Lippfisch 124–125
Narwal 180–181
Nautilus pompilius 90–91
Navigation 66, 163
Negaprion brevirostris 162–163
Neuseeland 20, 36, 86, 108
Nigeria 21, 160
Ninja-Laternenhai 132–133
Nipponites 90
Nördlicher Elektrischer Sterngucker 50
Nordamerika *siehe* Kanada; Vereinigte Staaten
Nordpolarmeer 132, 180, 184, 186, 188
Notothenioidei 182–183
Nudibranchia 144–147
Nyegaard, Marianne 86

Ocean Sunfish 86–87
Octocorallia 60–61
Octopus vulgaris 62–65
Oktokoralle 60–61
Orkneyinseln 12
Ostreidae 137
Otodus megalodon 67, 85
Oxudercidae 100–101

Qualle 10, 47, 59, 96; *siehe auch* Kristallqualle

Panama 20, 111
Papageifisch 104, 110–113
  Büffelkopf-Papageifisch 110
Papierboot 58, *siehe auch* Krake
Papua-Neuguinea 20, 116, 125
Parapuzosia seppenradensis 90
Parasiten 28, 70–71
Parthenogenese 178
Patellidae 18–19
Pazifische Sardine 106–107
Pazifischer Ozean 42, 84, 110, 125, 176
  Korallenriffe 154, 172
  Marianengraben 134
  Nordpazifik 31, 43, 60, 120
  Südpazifik 31, 130, 132

Pelagothuria natatrix 94
Periophthalmodon sclosseri 100
Perlen 54, 60, 83, 136
Perlmuschel 136–137
  Flussperlmuschel 137
  Schwarzlippige Perlmuschel 136–137
  Silberlippige Perlmuschel 137
Perlmutt 90, 136–137
Petermännchen 152
Petersfisch 32–33
Petromyzontiformes (Neunaugen) 41
Philippinen 20, 125, 173
Phocoena sinus 128–129
Phycodurus eques 169
Phyllopteryx
  P. dewysea 169
  P. taeniolatus 169
Physalia physalis 72–73
Physeter macrocephalus 42–45
Pinctada margaritifera 136–137
Pinna nobilis 52–53
Placodermi (Panzerfische) 88
Plattenkiemer 21; *siehe auch* Rochen; Hai
Plectropomus pessuliferus 104
Pleuronectidae (Rechtsaugenflundern) 188
Polarmeere *siehe* Nordpolarmeer; Südlicher Ozean
Pomacanthus imperator 172
Pomacentridae 166–167
Pomacentrus amboinensis 167
Pompeji-Wurm 138–139
Porifera 56–57
Portugiesische Galeere 72–73, 144
Pottwal 42–44
Pristis spp. 20–23
Pseudocolochirus axiologus 94
Pseudoliparis swirei 134–135
Psychropotes longicauda 94
Pterois spp. 152, 154–155
  P. miles 154
  P. volitans 154
Pycnopodia helianthoides 142–143

Quastenflosser 78–79

Regalecus glesne 92–93
Reinhardtius hippoglossoides 188–189
Riemenfisch 92–93
Riesen-Flügelschnecke 176–177
Riesenhai 28–29
Riesenmanta 80–81
Riesenmuräne104–105
Riffbarsch 166–167
Roa rumsfeldi 173
Rochen 12–13, 21, 50
  Gefleckter Zitterrochen 50–51
  Großer Glattrochen 12–13
  Riesenmanta 80–81
  Teufelsrochen 81
  siehe auch Mantarochen

Saccopharynx spp. 149
Säbelzahnschleimfisch 152
Sägerochen 20–23
Sammler/Sammlungen 12, 14, 38, 43, 54, 84–85, 90; *siehe auch* Jagd
Sardinops sagax 106–107
Scaridae 110–113
Schiffshalter 70–71
Schlammspringer 100–101
Schleim 40, 76, 96–97, 100, 132, 165
Schleimaal 40–41
Schmidt, Johannes 25
Schnecke
  Kegelschnecke 38–39, 152
  Schuppenfußschnecke 74–75
Schottland 12, 28–29, 36, 61, 91, 168
Schützenfisch 118–119
Schule (Fisch-) 106–107
Schuppenfußschnecke 74–76
Schwämme 56–57
Schwarm (Fisch) 46, 70, 106, 156, 172
Schwarze Raucher *siehe* Hydrothermale Schlote
Schwarzer Drachenfisch 148–149
Schwarzer Schlinger 149
Schwarzlippige Perlmuschel 136–137
Scyliorhinidae 48
Seedrachen 169
Seegras 84, 110, 169, 176, 178
Seegurke 94–95, 142
Seehase 145
Seeigel 94, 98, 142, 166
Seekuh 160–161
  Dugong 84, 160
  Manati 160–161
  Stellersche Seekuh 161
Seeohr 108–109
Seepferdchen 168–171
  Zwergseepferdchen 168, 169
Seestern 142
  Sonnenblumen-Seestern 142–143
Sepia officinalis 14–15
Sepiaschale 14–15
Shetlandinseln 12
Shimomura, Osamu 120
Sicyopterus stimpsoni 101
Sirenia 160–161
Somniosus microcephalus 186–187
Sonnenbarsch 165
Sonnenblumen-Seestern 142–143
Sphyrna tiburo 178–179
Spinnenfisch *siehe* Dreibeinfisch
Spondylus spp. 54–55
Squalus acanthias 48–49
Staatsqualle 72, 114
Stachelauster 54–55, 176
Stacheln 96–97, 98, 144; *siehe auch* Gift
Stachelrochen 189
Stegastes diencaeus 166
Steinfisch 152
Steller, Georg Wilhelm 161
Stena, Nicolas 67
Stör 16–17
  Beluga-Stör 16
Südafrika 106, 108, 169
Südlicher Ozean 130, 132, 182, 190–191
Sushi 30–31, 158
Sympterichthys unipennis 140–141
Synanceia 152
Synchiropus splendidus 122–123
Syngnathidae (Seenadeln) 169
Tarnung 54, 98, 132, 144, 162, 169
Tetraodontiformes 164–165
Thailand 160
Thunnus
  T. maccoyii 31
  T. orientalis 31
  T. thynnus 30–31
Tiefseefisch/-lebewesen 74, 114, 130, 132, 134, 138, 148–149, 150
Tigerhai 84–85
Tintenfisch 14, 63
  Gewöhnlicher Tintenfisch 14–15
Torpedo torpedo 50–51
Totoaba (Umberfisch) 128–129
Totoaba maconaldi 128–129
Toxine 37, 38–39, 122, 152
  Bakterielle Toxine 34, 164–165
  siehe auch Stacheln; Gift
Toxotes jaculatrix 118–119
Trachinidae (Petermännchen) 152
Trichechus
  T. inunguis 160
  T. manatus 160
  T. senegalensis 160
Tridacna
  T. costata 82
  T. gigas 82–83

Umweltverschmutzung 10, 34, 36–37, 81, 120
Unechter Dornhai 132

Yeti-Krabbe 130–131

Vampyroteuthis infernalis 150–151
Vaquita (Kalifornischer Schweinswal) 128–129
Varna, Bulgarien 54
Vereinigte Staaten 63, 156
  Atlantikküste 30–31, 34, 42, 48, 50
  Florida 21, 56–57, 154, 156
  siehe auch Karibik
Villepreux-Power, Jeanne 58

Wal
  Belugawal 181
  Grindwal 36–37
  Grönlandwal 184–185
  Sperma 42–45
  siehe auch Narwal
Walfang, Kommerzieller 42–43, 184
Wanderhai 116–117
Westafrika 20, 21, 102, 160
Wilderei 16, 94; *siehe auch* Handel, illegaler
Wissenschaftliche Forschung 40, 50, 63, 74–75, 81, 120, 137, 138, 145, 148, 158; *siehe auch* Medizin

Zackenbarsch
  Riesenzackenbarsch 156–157
  Nassau-Zackenbarach 156–157
  Panther-Forellen-Barsch 104
Zebrafisch 120
Zeus faber 32–33
Zwergnadelpferdchen 169

Über die Autorin

Dr. Helen Scales ist Meeresbiologin, Schriftstellerin und Radiojournalistin. Ihre Meeresstudien führten sie von den Mangroven in Madagaskar und den abgelegenen Korallenriffen in Borneo bis zu den Austernwäldern Westafrikas und den tiefen Gewässern des Golfs von Mexiko. Zu ihren Büchern gehören *Spirals in Time: The Secret Life and Curious Afterlife of Seashells* (2015), das für den Royal Society of Biology Book Award nominiert war, und das Wissenschaftsbuch des Jahres des *Daily Telegraph*, *The Brilliant Abyss: True Tales of Exploring the Deep Sea, Discovering Hidden Life and Selling the Seabed* (2021). Ihre Artikel über Ozeane erscheinen in *National Geographic*, *The Guardian*, *New Scientist* und anderen Publikationen. Helen ist regelmäßig im BBC-Radio zu hören; sie lehrt an der Universität von Cambridge, berät die Meeresschutzorganisation Sea Changers und ist erzählende Botschafterin der Save Our Seas Foundation. Sie teilt ihre Zeit zwischen Cambridge und der Atlantikküste Frankreichs auf.
www.helenscales.com

Danksagung der Autorin

Es war mir ein großes Vergnügen, dieser großartigen Buchreihe einen rein ozeanischen Titel hinzuzufügen. Mein großer Dank geht an das ganze Team bei Laurence King, das dazu beigetragen hat, dieses Buch möglich zu machen. Andrew Roff fragte mich zuerst, ob ich glaube, dass es genug Meerestiere gebe, um uns auf eine Reise um die Welt zu führen, und er hat mir hervorragend dabei geholfen, die lange Liste der Arten, die mir einfielen, zu reduzieren. Katherine Pitt übernahm anschließend das Ruder dieses hochseetüchtigen Buches und steuerte es auf seiner Weltreise geschickt nach Hause. Marcel George, vielen Dank, dass du deine Kunstwerke so wunderschön um meine Worte herumgewoben hast. Es war mir eine große Freude zu erleben, wie dieses Buch auf den Seiten zum Leben erwacht.

Es gibt so viele Menschen, die mir das Leben im Meer näherbrachten und dies auch weiterhin jeden Tag tun – viel zu viele, um sie alle aufzuzählen, aber ich danke euch allen. Meine ewige Liebe und mein Dank an alle meine Freunde und meine Familie, die immer für mich da sind und mich angefeuert haben, als ich mich aufmachte, den Ozean zu erforschen, in Person und in Worten. Und Ivan, danke, dass du dein Leben mit mir teilst, über, auf und unter den Wellen.